VOYAGE ZOOTECHNIQUE

DANS

L'EUROPE CENTRALE ET ORIENTALE

OUVRAGES DU MÊME AUTEUR

Traité de Zootechnie speciale :

I *Les Oiseaux de basse-cour* : Cygnes, Oies, Canards, Paons, Faisans, Pintades, Dindons, Coqs, Pigeons, 1 vol. gr. in-8 de 300 pages avec 4 planches coloriées et 116 fig.

II. *Les Petits Mammifères de la basse-cour et de la maison* : Cobayes, Lapins, Chats et Chiens, 1 vol. gr. in-8 de 300 p. avec fig.

III. *Les Porcs, les Chèvres et les Moutons*, 1 vol. gr. in-8 de 300 p. avec fig.

IV. *Les Grands Ruminants :* Bœufs, Bufles, Yacks et Chameaux, 1 vol gr. in-8 de 300 p. avec fig.

V. *Les Equidés :* Chevaux, Anes et Mulets, 1 vol. gr. in-8 de 300 p. avec fig.

Traité de Zootechnie generale, 1 vol. gr. in-8 de 1088 p. avec 204 fig. et 4 planches coloriées (Couronné, par l'Académie des sciences et par la Société nationale d'Agriculture de France). Paris, J.-B. Baillière et fils, 1891.

Traité de l'age des Animaux domestiques d'après les dents et les productions epidermiques (en collaboration avec M. Lesbre), 1 vol. gr. in-8 de 462 p., illustré de 211 fig. Paris, J.-B. Baillière et fils, 1894.

Le Charbon symptomatique du Bœuf, pathogénie et inoculations préventives (en collaboration avec MM. Arloing et Thomas). 1 vol de 280 p. avec 7 fig. noires et une chromolithographie. 2e Edition, Paris 1887. (Couronné par l'Institut de l'Académie de Medecine et la Société nationale d'Agriculture de France)

Les Plantes veneneuses et les empoisonnements qu'elles déterminent, 1 vol. in-8 de 525 p. avec 51 fig. Paris, 1888.

Les Residus industriels dans l'alimentation du betail, 1 vol. in-8 de 550 p. et 36 fig. (Couronné par la Société d'encouragement à l'industrie nationale). Paris, 1892.

De la Production du lait, 1 vol. petit in-8 de 172 p., de l'Encyclopédie des Aide-Mémoire. Paris, 1894.

VOYAGE ZOOTECHNIQUE

DANS

L'EUROPE CENTRALE ET ORIENTALE

PAR

CH. CORNEVIN

Membre correspondant
de l'Académie de Médecine et de la Société nationale d'Agriculture de France
Professeur à l'École Vétérinaire de Lyon.

PARIS
LIBRAIRIE J.-B. BAILLIÈRE ET FILS
19, RUE HAUTEFEUILLE, PRÈS DU BOULEVARD SAINT-GERMAIN

1895

VOYAGE ZOOTECHNIQUE

DANS

L'EUROPE CENTRALE ET ORIENTALE

Délégué au *Congrès d'Hygiène et de Démographie* de Budapest par M. le Ministre de l'Agriculture, j'ai profité de cette circonstance pour visiter l'Europe centrale et orientale et les côtes d'Asie Mineure. Je me promettais profit scientifique et agrément de cette excursion : profit parce que j'aurais ainsi l'occasion de vérifier certains points de zootechnie générale et spéciale encore douteux pour moi, agrément parce que j'ai la passion des voyages; ceux qui la partagent avec moi n'ont pas besoin d'autres explications.

Je vais exposer quelques-unes des observations zootechniques, agricoles et économiques que j'ai recueillies. La manière de le faire la plus agréable pour moi serait de reprendre, en esprit, mon itinéraire, de le suivre pas à pas et de dire ce que j'ai vu chemin faisant, tel que mes notes et mes souvenirs me le rappellent, sans m'astreindre à aucun ordre ni à aucun classement de matières. Ce ne serait pas la plus profitable aux personnes qui voudront bien me suivre. Sans enlever à ces notes le cachet de voyage qu'elles doivent conserver, je grouperai néanmoins autant que possible mes observations par similitude d'objet. Cela permettra de tirer plus facilement et plus promptement des conclusions d'ordre général. Et puis, avantage qui n'est point à dédaigner, on pourra choisir, s'arrêter à telle étude qui plait et délaisser telle autre qui est indifférente. Chacun pourra prendre le plat de son goût.

En publiant ces notes sans prétentions, j'ai aussi le désir d'appeler l'attention sur l'activité agricole et commerciale de peuples qui sont loin de rester insensibles au progrès, ainsi qu'on va le voir.

I. — Départ. — D'Innsbruck à Vienne.

Je me trouvais dans l'Est au mois d'août 1894, et c'est de là que le train Calais-Bâle m'emmène en Suisse. D'une traite, je traverse ce pays dont toutes les gares un peu importantes, à cette saison de vacances, sont grouillantes de voyageurs de toutes langues, admirant une fois de plus le soin et l'ingéniosité qu'apportent les Suisses à attirer l'étranger chez eux.

Les vallons, ombragés par les forêts qui les ceignent, sont d'un vert admirable, mais on n'y voit pas une tête de bétail, toutes étant à la montagne. On ramasse les regains. Çà et là quelques attelages de bons chevaux, ressemblant à nos anglo-normands, avec une tête plus fine.

Zurich me frappe à nouveau par son incessante extension ; l'activité industrielle y grandit toujours.

La frontière franchie et les formalités de douane accomplies à Busch où se montre le premier poste autrichien, nous continuons à filer à toute vapeur à travers le Vorarlberg, incommodés par les torrents d'une fumée épaisse que vomit la pesante locomotive qui nous remorque. Cela me fait trouver interminables les vingt et une minutes de la traversée du tunnel de l'Arlberg.

Au sortir, nous sommes et nous restons jusqu'à Innsbruck dans une étroite vallée. L'Inn y roule ses flots torrentueux et d'un blanc boueux comme tous ceux des rivières provenant de glaciers De même qu'en Suisse. on s'occupe à la récolte des regains. Pour dessécher l'herbe, on l'étend sur des piquets porteurs de branches latérales, précaution sans doute indispensable à cause de la fraîcheur des lieux. Après dessiccation, les paysans emportent le fourrage sur leur dos dans des bâches et ils le chargent sur des charrettes que traînent des chevaux moins communs que ceux qu'on rencontre dans les campagnes françaises. De distance en distance, sur le bord des routes, de pieuses images, des chemins de croix décèlent les sentiments religieux de la population tyrolienne. La statue de la Vierge, élevée sur l'une des places principales d'Innsbruck, en est un autre témoignage.

Au soir, nous arrivons à Innsbruck. Je n'ai point à décrire cette ville aux maisons coquettes, toutes munies de persiennes vertes ou blanches, à parler des merveilles de sa chapelle des Franciscains où, à coté des statues d'anciens souverains, se voit celle du patriote Andréas Hof. Je ne veux pas davantage insister sur le goût bien connu des Tyroliens pour la musique : des maisons particulières, des bierhall, des restaurations, des casernes même, s'échappent des flots d'harmonie ; le soir, c'est formidable.

J'explore, à mon point de vue, la ville et ses environs. L'opinion que je m'étais faite la veille au sujet des chevaux est confirmée ; ils sont élégants, avec des jambes excellentes et des queues très fournies ; leur taille oscille entre 1 m. 50 et 1 m. 68. On peut les rattacher à trois types : les uns sont passablement ramassés, trapus, et reproduisent nos ardennais ; d'autres sont des anglo-normands réussis, avec une croupe plus fournie que les nôtres ; les troisièmes sont des orientaux, dont le tronc n'est pas toujours irréprochable, mais dont les membres sont bons ; ils dominent numériquement les deux autres groupes.

Je vois aussi quelques paires de très belles mules. Les chevaux attelés aux camions ont des brides sans œillères et pas d'avaloires. Cette partie du harnachement n'existe pas davantage sur les chevaux de fiacre qui n'ont qu'une croupière, mais leurs brides sont à œillères.

Le hasard m'ayant fait tomber au milieu des manœuvres de l'armée austro-hongroise, j'ai pu en voir défiler les chevaux. Ils reproduisent ceux que nous retrouverons en Hongrie et qu'on voyait autrefois en nombre dans notre propre cavalerie légère.

On rencontre aussi dans les rues d'Innsbruck des chars traînés par des vaches ou des bœufs. Tous les représentants de l'espèce bovine que j'observe sont de taille au-dessous de la moyenne, la plupart de couleur fauve, avec plaques charbonnées et identiques aux bêtes tarentaises, de Suse, briançonnaises et champsauriennes ; d'autres sont de couleur grise et quelques-unes pie-rouge du type Pinzgau. J'y ai vu une vache issue du croisement d'une bête grise d'Algau et d'une pie rouge ; elle présentait une juxtaposition, dans le sens antéro-postérieur, des caractères des deux souches ; toute la partie antérieure du corps jusqu'au passage des sangles était gris fauve, la moitié postérieure était pie rouge, avec queue complètement blanche.

Sur les bords de l'Inn existe une importante laiterie peuplée de bêtes de Simmenthal, sauf deux vaches pie-noir de Fribourg. La Simmenthal est la race que nous rencontrerons dans tout notre voyage et qui s'étend du grand duché de Posen jusque chez les laitiers de Bucharest.

Proportionnellement au nombre de chiens observés, ceux

des grosses races, dogues d'Ulm et saints bernards dominent. Pour les volailles, la plupart sont à pattes jaunes et de race livournaise

Je quitte Innsbruck pour Vienne, en passant par Bischofshofen, Selzthal, Hiflau et Amstetten, c'est-à-dire en suivant les Alpes noriques et styriennes et spécialement les vallées de l'Enns et de la Salza.

Tout au sortir d'Innsbruck, à Hall, je revois une belle route plantée de peupliers fastigiés de Hollande, que j'avais suivie l'avant veille dans une excursion; ces arbres sont tous malades et se meurent; c'est la répétition de ce que nous voyons en France pour le peuplier de Hollande. Je ne sais si les botanistes sont fixés sur la cause du mal.

La vallée s'élargit, les montagnes sont très boisées; des équipes de femmes, la faulx à la main, coupent les foins.

Les petites bêtes bovines fauves ou grises, vues précédemment, mêlées à de peu nombreuses bêtes pie rouge, peuplent ces parages.

Peu à peu le nombre de celles-ci augmente, et à partir de Worgl et même un peu avant, on n'en voit plus d'autres; ce sont des Pinzgau. Leur taille s'élève sensiblement à partir de Kirchberg; elles ont environ 1 m. 33. Quelques juments avec leurs poulains sont dans des enclos et, aux environs de Bischofshofen, de petits moutons noirs me rappellent nos ardéchois et quelques uns nos auvergnats.

A partir d'Oblarn, il y a inversion dans la pigmentation des bêtes bovines, elles sont toujours pie-rouge, mais la partie antérieure du corps est blanche, et on remarque deux grandes plaques rouges sur les faces latérales de la croupe et sur les fesses; nous sommes en présence de la race kuhlander. Il en est ainsi dans la vallée de l'Enns. Plus loin, du côté d'Ischl et de la station de Steinach-Indining, nous apercevons quelques bêtes blondes. Il y a pas mal de chevaux dans les pâturages, toujours du type demi-sang étoffé.

Avant l'arrivée à Seltzal, de petits moutons, à laine longue, du type de nos auvergnants, paissent sur des terrains tourbeux. Cette station dépassée, des bêtes bovines blanches ou blondes à mufle noir remplacent les tachetées. A partir de Klein-Rinfling, les montagnes s'abaissent et parallèlement la taille des bêtes bovines s'élève. Dans les plaines de la Basse-Autriche, nous ne trouvons que le bœuf blanc ou froment clair.

En passant à la station où un embranchement se détache pour Ischl, la conversation vient à tomber sur les villégiatures de l'empereur d'Autriche et sur les réserves de chasse qu'il possède dans le Salzkammergut, pays très boisé et très giboyeux. J'apprends que pendant les hivers rigoureux, quand la neige couvre la terre et que cerfs et chevreuils ne trouvent pas à manger, on leur apporte du fourrage et on leur distribue des marrons d'Inde écorcés que les paysans recueillent à l'automne et qu'ils vendent à l'administration des chasses impériales.

II. — Une Exposition de vaches laitières à Vienne.

Les hasards des voyages m'ont amené trois fois à Vienne, et si je voulais parodier M. Prudhomme je dirais que ce fut toujours avec un grand plaisir que j'ai revu cette belle ville. J'ai fait coïncider une de mes excursions dans la capitale autrichienne avec une Exposition de vaches laitières, de porcs et d'instruments de laiterie qui se tint au Prater du 6 au 10 septembre 1894.

Organisée par *K.K. Landwirthschafts-Gesellschaft in Wien*, elle était internationale. En fait, elle se restreignait aux spécimens envoyés de divers points de la monarchie austro-hongroise, de la Bavière, du duché de Bade et de la Suisse.

Comme ces spécimens étaient fort beaux, l'exhibition offrait un grand intérêt. Grâce à l'amabilité de M. le comte Carpine, vice-président de la Société organisatrice, qui voulut bien se faire mon cicérone et me donna les renseignements les plus détaillés sur la valeur respective des races exposées, je pus faire une bonne moisson de renseignements.

Les races étaient partagées en trois grands groupes :

1° Races brunes de montagnes ; 2° Races tachetées; 3° Races unicolores.

A. Le premier groupe se subdivisait en deux classes dont l'un comprenait les Schwitz, les Montafones et les Algau, l'autre les Oberinthaler, les Murbodener et les Mürzthaler.

Les Schwitz, Montafone et Algau pourraient sans inconvénients être réunies en un seul groupe ; toutes ont les formes, le pelage brun foncé et l'aptitude laitière des Schwitz, il n'y a entre elles que des différences de taille et de masse, les Montafone et les Algau étant moins volumineuses. En résumé, ces bêtes alpines constituent la branche la plus pigmentée de la race brune.

Les Oberinthaler, les Murbodener et les Mürzthaler en forment la tribu qui marche à la dépigmentation. En y ajoutant les Mariahofer qu'on avait classées dans les animaux unicolores, on a la série complète des bêtes brunes allant au froment et au blanc. L'Oberinthaler, effectivement, est plus pâle que le Schwitz proprement dit, il correspond à l'Appenzel suisse. Le Murbodener a le mufle noir, mais son pelage est presque blanc ; on ne remarque même pas de raie dorsale prononcée. Le Mürzthaler a le même pelage et la dépigmentation s'est étendue au mufle qui est rose. On arrive ainsi au pelage de nos fémelins et de nos charolais. Si entre l'Oberinthaler et le Murbodener on eût intercalé le Mariahofer qui, avec un pelage déjà bien pâli et presque blanc, a conservé une raie brune sur le dos et le mufle noir, on aurait eu la série ininterrompue.

En comparant les vaches de ces deux classes les unes aux autres au point de vue de la production du lait, nous apprenons par M. le comte Carpine que celles de la branche la plus pigmentée sont supérieures aux moins pigmentées; la différence est si grande qu'entre elles s'intercalent les bêtes tachetées. C'est la confirmation de tout ce que nous savons sur le rapport existant entre la pigmentation et la production du lait et du beurre.

B. Le deuxième groupe se subdivisait en deux sections, les grosses et les petites races tachetées (avec exclusion des pigments complètement noirs).

Dans la première, se trouvaient les races bernoise, simmenthal et kuhlander. On ne voyait que quelques spécimens de bernoises. En revanche, il y avait une profusion de simmenthals; c'est à elles que va la vogue dans toute l'Europe centrale, elles sont en passe de se faire la part du lion et on les paie des prix élevés.

Actuellement en Autriche, on les recherche de plus en plus et on les veut avec des plaques jaune-pâle. Le grand duché de Bade est le pourvoyeur principal, et avec raison, m'a-t-on affirmé, car ce pays les a améliorées par une sélection attentive, de la façon la plus manifeste. On a fait disparaître ou tout au moins très atténué la disposition primitive de l'attache de la queue qui était très haute et qui l'est encore en Suisse, en même temps qu'on augmentait la production du lait. La majorité des Simmenthals que j'ai examinés était à tête complètement blanche, une minorité seulement avait des taches autour des yeux.

La race Kuhlander, qui a son centre en Moravie, est curieuse par la disposition invariable de son pelage. M. le comte Carpine, qui connait fort bien l'histoire des races bovines de son pays. m'affirme que celle-ci, aujourd'hui entièrement fixe. a été créée par métissage. Elle dérive, me dit-il, de l'absorption par croisement continu de l'ancienne race autrichienne, qui était brune et semblable à l'Algau, par le Simmenthal. Cette opération a eu pour résultat la production d'animaux dont la taille et les formes générales sont celles du Simmenthal ainsi que le pis, l'écusson et l'aptitude laitière. (La vache kuhlander donne en moyenne 27 litres de lait après le vêlage). La tête est blanche, sauf les oreilles qui sont constamment rouges; le reste du corps est pie rouge, mais d'un rouge notablement plus foncé que dans le Simmenthal, comme si le pigment brun de la race primitive avait renforcé les plaques jaunes du Simmenthal. La ligne dorso lombo coccygienne, la queue et les fesses sont rouges, mais le toupillon et la partie inférieure des membres sont blancs, comme la tête. En un mot, il y a là un fort bel exemple de pigmentation centripète. Les cornes ont une disposition particulière qui rappelle celle des Herefords; elles sont assez fortes, dirigées en dehors et en avant.

Dans la deuxième section, devaient se trouver les races de Pinzgau, de Pongau, de Zillerthaler et analogues; en fait, on ne voyait que celle de Pinzgau qui, en Autriche-Hongrie rivalise de vogue avec la Simmenthal. On sait que c'est la vallée de la Salzach, constituant la région du Pinzgau, qui lui a donné son nom.

Il m'a été fait, au sujet de l'origine de la race de Pinzgau, la même déclaration que pour la Kuhlander. Elle résulte d'un croisement entre l'ancien bétail autochtone et le Bernois d'abord, puis le Zillerthal. Le début de ce croisement remonte à deux cents ans et on a continué par métissage. A part l'introduction du Bernois qui ne fut que passagère, l'opération fut analogue à celle qui donna naissance à la Kuhlander puisque le Zillerthal est tacheté comme le Simmenthal; il en résulta un animal pie rouge comme celui-ci, mais dont les pigments se sont groupés en sens inverse, en modalité centrifuge. En effet, la Pinzgau, avec un mufle rose, a la tête, le cou, les épaules et la partie inférieure des membres complètement rouges, tandis que la ligne dorso-lombo-coccygienne, les fesses, les cuisses, la queue, le toupillon et la face inférieure du ventre sont constamment blancs. Les cornes, de dimensions moyennes, ont la direction de celles des bernoises et leur pointe est noir rougeâtre. Les membres sont plus courts et les formes plus ramassées que celles de la Kuhlander, la taille inférieure. De ce côté, elle tient de la Zillerthal et de la Duxerthal dont elle dérive.

Ces dernières races, dont le berceau se trouve dans la vallée de l'Inn et les vallées latérales, entre Innspruck et Schwaz et sur le versant occidental de la vallée de la Ziller, sont en voie de disparition ; leur nombre diminue constamment, les Pinzgau prenant leur place.

La production du pelage pie rouge par alliance de la race brune et de la Simmenthal qui est pie jaune ainsi que sa fixation par métissage dans les deux modalités centrifuge et centripète que représentent les Pinzgau et les Kuhlander sont bien dignes de retenir l'attention.

Le troisième groupe était constitué, disait le catalogue, par des bêtes unicolores, mais cette catégorisation n'était pas rigoureuse puisqu'elle contenait des Scheinfelder et des Mariahofer et qu'une place, qui n'a pas été prise, était réservée aux Lavantthaler et analogues.

La race Scheinfeld a son centre en Bavière; elle a trouvé dans la boucherie de Vienne un large débouché, elle y est très estimée à cause de la finesse de son ossature. C'est un beau type de race bovine blonde; des pieds à la tête son pelage est blond ou froment foncé, à la façon des Bressans et Garonnais ; le mufle est toujours rose.

Il y a du disparate dans la tête et le cornage ; quelquefois les cornes ont la finesse et la direction de celles des Durhams et des Hollandais, d'autres fois on les trouve relevées comme dans les bêtes brunes d'Algau, mais toujours fines.

L'attache de la queue, d'une façon générale, est assez élevée. L'encolure n'est pas émaciée comme dans la hollandaise et il y a du fanon. Les tétines sont remarquablement petites. Excellente pour l'engraissement et la boucherie, bonne pour le travail, la Scheinfeld n'est que médiocre pour la production laitière.

Quelle en est l'origine ? N'est-ce que la forme blonde du rameau fauve de la race brune, par atténuation de la teinte dans les plaines bavaroises? Provient elle d'un croisement entre les bêtes brunes primitives et des Durhams ou analogues, cette dernière hypothèse étant motivée par la direction des cornes, la finesse des tétines et la propension à l'engraissement?

J'ai dit ce qu'est le Mariahof : un Schwitz de pelage très pâle mais ayant conservé le mufle noir et la raie brune sur le dos. Les Lavantthaler n'étaient pas représentés.

Une exposition porcine est le complément d'une exposition laitière puisque les consommateurs habituels des résidus de l'industrie du lait sont les porcs. J'ai tout particulièrement observé le porc bavarois, le tamworth et le meissner.

L'ancien porc bavarois est de type celtique, mais à oreilles moins développées que celles de notre craonnais, plus jetées en avant; ses soies sont dures et épaisses; il a une grande plaque rousse sur la moitié postérieure du corps, l'antérieure étant blanche avec une petite tache rousse entre les oreilles. Il est haut sur pattes, assez primitif.

Le tamworth est, je crois, de type méditerranéen ou tout

au moins il y a prédominance de ce sang. Sa taille est bonne, son dos voussé en contre haut. Il est caractérisé par un pelage roux, suie délayée, ou gris comme celui du sanglier. A la naissance, les petits sont complètement roux, presque rouges.

Le meissner tire son nom d'une petite ville de Saxe. Ses représentants constituent une race formée aussi par croisement. C'est en 1850 qu'en Saxe, on a opéré l'alliance du porc indigène qui était, je crois, le celtique ordinaire, avec le grand yorkshire. Après le croisement est venu le métissage qui dure depuis quarante ans et qui a donné naissance à une population considérée comme fixe et formant race. Le meissner, fort estimé pour la production de la viande et l'aptitude à l'engraissement, ne diffère nullement du celto yorkshire que nous possédons en France.

Nombreux aussi étaient les yorkshires purs ; ils sont trop connus pour que je m'y arrête.

La troisième partie de l'Exposition était consacrée aux appareils et instruments de laiterie. A signaler tout particulièrement les écrémeuses centrifuges à bras dont il y avait plusieurs modèles.

J'ai quitté cette Exposition en emportant le regret de n'y avoir vu figurer aucune des excellentes races laitières françaises. Tandis que les Bavarois, les Badois, les Suisses, les Saxons, plus rapprochés que nous de Vienne il est vrai, font des efforts couronnés de succès pour s'ouvrir large place dans les fermes laitières autrichiennes, nous ne bougeons pas. Et pourtant quelle bonne figure pourraient faire nos normandes, nos flamandes, nos montbéliardes et peut-être nos salers !

III. — A Budapest.

Au sortir de Vienne, en se dirigeant vers la capitale de la Hongrie, on entre dans la région des grandes plaines et de la grande culture. A perte de vue, on ne voit qu'un terrain plat, barré de temps à autre par quelque bois peu étendu et piqué de vastes fermes aux toits rouges. On commence les semailles; le matin, des guérets nouvellement remués s'échappe une buée gris cendré qui va planer sur les maïs, les betteraves et les choux voisins.

D'abord des chevaux demi sang trainent les charrues d'un pas vif, puis peu à peu les bœufs prennent leur place. Nous sommes sur les confins où les races bovines tachetées se heurtent à la race grise des steppes. Du mariage de ces deux sortes, il résulte des bœufs qui ressemblent d'une manière frappante à nos normands; sur quelques-uns, on voit des bringures ou zébrures rappelant la robe des cotentins, ou encore des neigures sur fond noir, comme dans les bêtes meusiennes qui sont assurément des métisses; la majorité a le pelage pie enfumé correspondant au manteau des bêtes neufchâtelloises. Ainsi se trouve bien confirmé ce que j'avais vu à la ferme d'application de l'Ecole vétérinaire de Lyon, à savoir qu'on peut obtenir, par accouplement d'une bête brune et d'une pie rouge, le pelage de la race normande; c'est la justification de ce que j'ai toujours soutenu, que celle-ci est issue du métissage.

En Hongrie, les bêtes dont je parle sont appelées *Bouyhad* ou *Bounyhad*, du nom d'une ville hongroise.

Nous nous éloignons de plus en plus de Vienne, et, à une heure et demie de chemin de fer, nous voyons apparaître les

bœufs gris, à grandes cornes, qui font les travaux de labour et se substituent peu à peu aux bêtes métisses dont il vient d'être question. Quelques troupeaux de chèvres pies ou blanches, la plupart sans cornes; çà et là, des bandes de porcs noirs. Nous sommes en Hongrie; les paysans ont des sortes de jupes plissées et les mœurs ne sont plus les mêmes. Par exemple à Cyôr, dans un chantier de maçons, les femmes, nu pieds, font le mortier et l'apportent aux travailleurs. Les cimetières surtout ont changé de caractère, plus de beaux monuments, mais une série de petites croix uniformes.

Nous voici à Budapest, la ville jumelle baignée par le beau Danube qui ne mérite pourtant pas le qualificatif de « bleu » que lui donnent les littérateurs, car ses eaux sont plutôt blanchâtres qu'azurées. Trois ponts réunissent Pesth, la ville moderne, commerçante, industrielle, s'agrandissant rapidement, à Bude, la vieille cité militaire, pleine des immortels souvenirs de la longue lutte des Hongrois contre les Turcs, avec sa redoute formidable qui domine le fleuve et en garde la clef, sa résidence royale dont les jardins en gradins sont des merveilles horticoles, sa belle église Saint-Mathias et quelques statues en bronze rappelant des luttes presque contemporaines. Après m'être assis sous les ombrages du jardin royal et avoir laissé envoler ma pensée un moment vers l'humble coin de terre française où dorment les miens, *ubi memoria, ibi patria*, j'examinais au haut de la colline, une symbolique statue : un vaincu, la tête enveloppée d'un mouchoir, le pied sur un canon égueulé, la main crispée sur un drapeau déchiré, m'impressionnait vivement quand je fus abordé par un Hongrois, que je retrouvai plus tard sur ma route. Liant connaissance avec moi, il me jeta, en les soulignant d'un regard que je vois encore, ces mots : « Monsieur, ce sont les vaincus qu'il faut honorer, parce qu'ils ont souffert et sont morts sans être consolés ». Paroles qui me sont souvent revenues à la mémoire depuis et que je reporte sur ceux des nôtres qui, eux aussi, sont partis sans être consolés.

Je ne retracerai ici ni la séance d'ouverture du Congrès d'hygiène ni le défilé de costumes pittoresques et riches, la profusion d'aigrettes, de brandebourgs, de bottes ouvragées, de pourpoints de velours superbement portés. En voyant tout cela, malgré moi je pensais plutôt à une réunion de seigneurs du moyen âge, quand le roi semonçait ses chevaliers, qu'à un Congrès de savants se tenant à la fin du XIXe siècle. Nos habits noirs n'étaient pas de grande allure au milieu de ce luxe; pourtant je préfère cent fois notre simplicité démocratique à ce déploiement de velours et d'ors. Mais les hommes qui portaient ces costumes sont charmants et nous ont fait un accueil aussi cordial qu'empressé.

Budapest se développe à la façon d'une ville américaine. Tout s'y fait en grand ; on y trouve des artères, comme la rue Andrassy qui, par les proportions, la régularité et la magnificence des maisons qui la bordent, provoque l'étonnement et l'admiration. Au point de vue très spécial où je me place dans ces notes, ce qui m'a d'abord frappé, ce sont les progrès de la traction mécanique. Nous sommes dans la capitale d'un des pays les plus riches en chevaux et les véhicules traînés par le cheval y deviennent de plus en plus rares ; la traction électrique s'y est déjà fait une place considérable, et, d'après les renseignements qui me sont donnés, elle supplantera complètement d'ici à quelques années la traction animale. Quatre lignes de tramways y sont déjà installées; en 1893, elles ont transporté plus de douze millions de voyageurs, sans accroc même en temps de neige.

Les édiles de Budapest tiennent fermement la main, et je leur en fais mes sincères compliments, à ce que rien ne défigure leurs rues et ne rompe l'harmonie des grandes lignes. Les kiosques à journaux, qu'on trouve de 50 en 50 mètres sur les boulevards de notre capitale et de nos grandes villes, où le public va chercher contre espèces la *bonne* parole; les colonnes à affiches multicolores si disgracieuses où chacun trouve gratis des renseignements sur l'utilisation (?) de ses soirées; les vespasiennes encombrantes dont la multiplicité peut faire penser que l'incontinence d'urine est à l'état d'épidémie perpétuelle parmi nous, tout cela est rare et semé très discrètement à Budapest. On apprendra sans étonnement que, en vertu de cette disposition d'esprit, la traction électrique au moyen des fils aériens n'a pas été acceptée dans la capitale hongroise. Le système des conducteurs souterrains seul a été admis en 1889, date de l'établissement du réseau. J'en emprunte une brève description à un ingénieur, M. Launay, qui possède sur le sujet une compétence qui me fait défaut.

« Les deux conducteurs sont placés dans un canal spécial de section ovoïde de 33 centimètres de hauteur, logé au-dessous de l'un des rails de la voie. Ce canal est construit en béton avec nervures en fonte espacées de 1m20 en 1m20 et soutenant en même temps le rail; des isolateurs placés de chaque côté reçoivent les deux conducteurs constitués par deux fers cornières pesant 7 kilogrammes le mètre courant. La prise de courant s'effectue au moyen d'une sorte de navette de contact formée de deux demi-olives en fonte, isolées électriquement et appliquée par des ressorts, qui circule entre les deux cornières et fait corps avec un petit bâti rectangulaire et vertical fixé à la voiture et entraîné avec elle à travers la fente ménagée à cet effet à la partie supérieure du canal ovoïde. La voiture porte son moteur et des rhéostats qui permettent de faire varier la vitesse et même le sens du mouvement. Chaque voiture mesure 6 mètres de long sur 2m65 de large et peut recevoir trente deux voyageurs Aux croisements, les voitures perdent le courant et franchissent l'intervalle par la vitesse acquise. »

Les moyens de locomotion mécanique de Budapest m'ont porté à faire une sorte de récapitulation de ce qu'elle est et de ce qu'elle devient de jour en jour en Europe et en Amérique. Il est incontestable que le public donne sa faveur à la traction mécanique, parce qu'elle apporte plus de rapidité et de régularité dans le service, que le transport se fait doucement, sans cahotements, qu'il y a, dans les véhicules mécaniques, un confortable et même un luxe qui n'existèrent jamais dans les voitures à chevaux et ne peuvent pas s'y rencontrer parce qu'ils leur apportent une surcharge. Je ne parle pas du crottin qui salit les rues, ni des odeurs d'écurie qui impressionnent désagréablement aux arrêts par suite de la fermentation des urines ; en été, sur les rues pavées en bois, elles se manifestent avec intensité. Mais l'avantage le plus apprécié, c'est que la traction mécanique permet de desservir avec une aisance parfaite les profils accidentés et que, dans les fortes rampes, elle supprime ces montées lentes, pénibles, qui exténuent les chevaux, énervent et impatientent les voyageurs. Au démarrage, surtout sur le pavé, plus de ces chutes, de ces efforts extrêmes des animaux soulignés par le fouet et la voix des conducteurs; on part en silence, sans secousses et l'on continue sa course d'une allure égale quelles que soient les ondulations et les rampes de la route. L'électrité en particulier est une puissance d'une admirable souplesse qui provoque et autorise toutes les audaces, mères des innovations et des progrès.

Ainsi vont les choses et, dans sa marche rapide, le temps modifie tout. L'élevage du cheval ressentira le contre-coup de l'emploi des nouveaux moyens de locomotion. L'énorme développement du réseau ferré secondaire, la substitution des tramways mécaniques aux anciens omnibus et tramways à chevaux et jusqu'à l'emploi de la bicyclette influeront sur l'industrie chevaline. Je n'ignore pas qu'à la création de notre réseau ferré principal des prédictions pessimistes sur l'avenir de l'industrie chevaline ont été formulées et qu'elles ont été démenties par l'événement. Les prophètes de nos jours sont toujours ridicules. Aussi n'ai-je point l'intention de formuler de pronostic ni de disserter sur la possibilité d'une diminution numérique des chevaux. Je veux dire seulement que des modifications s'imposeront à bref délai à l'industrie chevaline; elle devra abandonner la production de certaines sortes de chevaux qui ne seront plus ou seront de moins en moins demandés et reporter ses efforts sur d'autres qui ont et auront toujours leur raison d'être.

La question laitière n'a pas moins d'importance que celle qui concerne le cheval et on s'en préoccupe beaucoup à Budapest. Depuis onze ans, il s'est fondé dans un quartier de cette ville, un puissant établissement, désigné sous le nom de « laiterie centrale », qui reçoit chaque jour 25.000 à 30.000 litres de lait. Ce produit est envoyé de soixante-douze domaines fédérés dans ce but et dont aucun ne doit être éloigné de Budapest de plus de 100 kilomètres. Le choix des vaches laitières est contrôlé lors de l'achat; leur état sanitaire et leur alimentation sont constamment surveillés par un vétérinaire spécialement attaché à l'Association. Il va sans cesse d'un domaine à l'autre et ses tournées sont réglées de façon que le cheptel de chaque ferme est visité au moins tous les deux mois. Chaque quinzaine, il envoie un rapport à l'administration de la laiterie et quand, dans ce rapport, une bête est signalée malade, l'administration la fait vendre immédiatement, les adhérents, de par un article de leurs statuts, ayant accepté cette clause, comme ils ont accepté de cesser de traire toute bête deux mois avant la date présumée de la mise bas et de ne recommencer à envoyer son lait au dépôt central que dix jours après le part. On conçoit quelle sécurité cette surveillance donne aux consommateurs.

Dans chaque ferme, immédiatement après la traite, le lait est rafraîchi à + 5° puis, dans un délai qui n'excède pas trois heures, il est envoyé à la laiterie centrale. Là il est soumis à l'examen d'un préposé qui prélève des échantillons et les examine ; tout lait qui ne répond pas aux qualités physiques et chimiques prises pour bases est refusé. Celui qui est accepté est distribué en nature dans la ville ; ce qui en reste est pasteurisé, puis transformé chaque nuit en beurre par les appareils centrifuges.

Le marché aux bestiaux de Budapest est très vaste, il reçoit en moyenne trois fois plus d'animaux qu'il n'en faut pour la consommation. La visite que j'y ai faite m'a fort intéressé ; elle fut complétée par celle des Abattoirs. J'y ai vu des spécimens du bétail des provinces danubiennes et des buffles qui apportent leur appoint dans la consommation.

Les droits d'octroi et d'abatage réunis sont les suivants :

Bœuf	8 fr. 88
Veau	1 fr. 78
Mouton.	0 fr 60

Beaucoup d'animaux amenés à Budapest transitent vers l'Allemagne du Nord et vont jusqu'à Berlin. Des nations voisines, la Serbie est celle qui envoie à Budapest la plus forte proportion de bétail.

Voici la statistique officielle des entrées au marché et à l'abattoir de Budapest de 1873 à 1893.

EN	MARCHÉ AUX BESTIAUX			ABATTOIR				
	BŒUFS	VEAUX	MOUTONS	BŒUFS	VEAUX	MOUTONS	AGNEAUX	CHÈVRES
1873	148.969	54 416	110 133	51.103	49.207	»	»	»
1874	133.598	59.055	106 878	50 861	51.376	»	»	»
1875	112 386	52 533	78.353	50.851	49,957	»	»	»
1876	104.105	50.691	81 133	48.610	48.912	19.909	21.682	134
1877	121.798	47..53	115.290	46.981	45.535	19.174	22.033	121
1878	117.931	49.738	102.457	47.873	48.000	19.283	20 033	126
1879	112.442	51.802	94.020	49.260	50.920	17.903	21 641	82
1880	113.294	56.842	96.022	51.846	55.773	25 101	22.121	126
1881	108 84[illegible]	52.712	93.703	51.528	51 500	20.309	25.165	69
1882	11 .120	56 719	88 576	52.986	56.430	19 854	22,599	18
1883	113 152	59.969	93,533	55 519	60.194	18 325	25.328	30
1884	112,279	67.499	94.110	55.936	65.216	19.733	27 906	43
1885	128,406	84,347	118.304	61.238	81.290	26.549	26 914	105
1886	138.686	88 053	136.348	63.345	82.931	28 96	34 013	148
1887	146.535	101-543	120.057	71.568	95.360	26.722	31.521	161
1888	164.992	102.248	127.162	73.085	96.114	25.015	32.954	119
1889	166.348	103.900	120.100	71.590	9.7240	21 333	33 645	139
1890	183 057	101.550	129.614	70.724	94.682	31.517	31.790	600
1891	173.676	98.206	336.001	68.993	92.245	192.006	35.908	4.077
1892	138.539	92.187	173.561	66.616	87.0.2	54.538	40.223	200
1893	131,406	108.053	178.286	69.813	101 271	41,117	47.431	400

A plusieurs reprises j'ai visité l'Ecole vétérinaire de Budapest dont les bâtiments, les jardins et les cours occupent un vaste terrain en bordure sur la rue Rottenbiller. Autant que cela fut possible, chaque service a son pavillon spécial renfermant salle pour les exercices des élèves, laboratoire, collection, cabinets pour le professeur et son assistant. Tout est fort bien agencé et l'amabilité de MM. Hutyra, Monostori, Nasakai et H. Preisz doublait le prix des renseignements de toutes sortes qu'ils ont bien voulu nous donner.

IV. — Köbanya — Les porcs hongrois, serbes, roumains et bulgares.

Il existe aux portes de Budapest, à Köbanya, un immense marché aux porcs doublé d'un établissement dont le similaire n'existe peut-être nulle part, c'est une pension et une station d'engraissement pour les porcs. Pour en comprendre la raison d'être, il est nécessaire d'examiner d'abord l'état actuel de l'élevage du porc dans l'Europe centrale et orientale. Il y est extrêmement important, sauf en Turquie et dans les villages bulgares et roumains habités par des Turcs où il n'existe pas, la religion musulmane prohibant la consommation du porc, comme on sait.

La Hongrie en a plus de 9 millions ; l'engraissement y est très bien compris, et elle peut exporter 15 à 18 pour 100 de sa production. En Serbie, l'élevage des cochons constitue la branche la plus importante des opérations agricoles. Pour son territoire assez restreint, elle en possède 1.679.000, soit 34,5 par kilomètre carré et 900 par 1000 habitants. Aucun autre pays n'a une population porcine d'une densité pareille ; cette situation explique pourquoi la Serbie est un Etat exportateur et recherche des débouchés de tous côtés.

La Roumanie et la Bulgarie n'en produisent pas sur une pareille échelle, leur élevage vise presque exclusivement la consommation locale et peu l'exportation.

En Hongrie, la race dominante et qui englobe au moins 95 pour 100 de la population totale est celle de Mangalicza. Le caractère ethnique dominateur du porc de cette race est la frisure des soies, ce qui l'a fait appeler *Sus crispus*. Sa tête, la direction de ses oreilles, la conformation du corps en général et celle du groin en particulier, sont celles du cochon méditerranéen ou napolitain. Mais en raison de l'amélioration dont il a été l'objet, son groin a subi un raccourcissement notable qui l'amène peu à peu à la conformation de celui des animaux anglais et asiatiques, c'est le résultat de la précocité. Il y a des mangaliczas noirs, gris et blancs; chez ces derniers, les soies seules sont blanches, la peau est restée pigmentée ainsi que le bout du nez et les testicules. On trouve de petites mèches de laine intercalées entre les soies, comme cela se voit, pendant l'hiver, sur nos sangliers; le dessus des oreilles est la partie la plus laineuse. La queue, passablement longue, est très garnie de soies. L'amélioration incessante dont cet animal est l'objet le rend de plus en plus bas sur jambes et trapu. Il est bien différent aujourd'hui de ce que les anciennes gravures nous le montrent; du type longiligne il arrive au bréviligne. Son aptitude à l'engraissement ne laisse rien à désirer, il fournit une très bonne chair, trop grasse pourtant.

La race mangalicza soutient certainement la comparaison avec les races les plus perfectionnées de l'Angleterre et de la France. A cause de sa grande amélioration, la reproduction en consanguinité ne peut être poursuivie, car la fécondité baisse rapidement; on est obligé de rafraîchir le sang.

Les porcs serbes rivalisent avec ceux de Hongrie pour l'amélioration et l'aptitude à l'engraissement; les éleveurs de Serbie sont également très habiles dans cette branche de l'industrie zootechnique. Comme pour bien marquer que le changement dans les proportions et les formes est le résultat de l'intervention humaine, à la naissance les porcelets ont absolument l'aspect de marcassins; ce n'est pas de la ressemblance, c'est de l'identité!

Les porcs roumains, de pelage roux, blanc ou gris, ne sont pas perfectionnés; ils représentent un type très allongé, effilé, à hautes jambes.

Ceci exposé, je reviens à Köbanya. En 1869, une Société

au capital de 1.250.000 francs se fonda sous le titre de *Première Société hongroise d'éleveurs et engraisseurs de porcs et Banque de prêts*. Elle fit l'acquisition d'un terrain de 90.000 mètres carrés, à proximité immédiate du chemin de fer royal hongrois (ligne nord) et du chemin de fer de communinication de Bude, elle fit construire 150 porcheries pouvant contenir 20.000 porcs et 90 greniers; elle installa un moulin à vapeur pour l'égrugeage de l'orge et du maïs et elle éleva un hôtel. Tout cela s'est agrandi rapidement; aujourd'hui les établissements de Köbanya couvrent une supercific de 500.000 mètres carrés. On estime qu'il y a place pour 100.000 porcs. L'ensemble de ces établissements est évalué à 12.500 000 francs.

La Société, moyennant un tarif calculé d'après les mercuriales, nourrit et engraisse les porcs qu'on met en subsistance à Köbanya. Si les propriétaires le désirent, elle ne fait que les loger; ceux-ci fournissent les aliments. Elle se charge de leur vente, et elle fait des prêts nantis par les animaux mis en subsistance chez elle jusqu'aux deux tiers de leur valeur estimative. D'après ce qui nous a été dit, tout le monde trouve son compte au fonctionnement de cette grande « hôtellerie porcine » comme nous l'avons entendu appeler : la Société, dont la situation financière est prospère, et les propriétaires, surtout les petits paysans qui y amènent leurs animaux. En 1893, il est passé 183.311 porcs à Köbanya. Les importeurs serbes sont d'excellents clients pour cet établissement.

La ration est formée *exclusivement* d'orge et de maïs; elle est constituée de telle façon que 100 kilogrammes de ce mélange doivent apporter une augmentation de :

20 à 23 kilogrammes pour les porcs mangaliczas.
20 — — serbes.
18 — — roumains et bulgares.

On estime qu'il faut en moyenne 160 jours d'engraissement, avec une ration de 2 kg. 500 de grains égrugés, pour amener un porc de l'année du poids primitif de 50 kilogrammes à celui de 140 kilogrammes, soit un gain total de 90 kilogrammes et un quotidien de 562 grammes. Quand on agit sur des porcs plus âgés, l'engraissement doit durer 190 jours avec une ration de 3 kg. 150; on obtient une augmentation totale de 110 kilogrammes et quotidienne de 578 grammes.

On a fait la remarque curieuse qu'il est des animaux, sur lesquels d'ailleurs il est impossible de constater de symptômes de maladies et qu'on considère comme étant en parfaite santé, qui néanmoins ne s'engraissent pas. La proportion en est de 4 à 5 pour 100 à Köbanya. Le nombre moyen des porcs engraissés chaque année y étant d'environ 200.000, l'observation ci-dessus a donc une grande importance; on est en présence d'une curieuse manifestation de l'individualisme.

On met 250 à 300 porcs par porcherie de 900 mètres carrés, dont 360 mètres de partie couverte et 540 mètres pour les auges et la cour. Chaque cour de porcherie est pourvue d'un bassin-abreuvoir pavé, d'une étendue de 14 à 29 mètres carrés, d'un nettoyage facile, qui sert au bain que les cochons aiment à prendre. En toute saison, la nourriture est donnée en plein air. La partie couverte où les porcs passent la nuit et les heures chaudes du jour est ouverte d'un côté; la litière est faite de sable fin tamisé. On prétend à Köbanya, non sans raison peut-être, que les porcs ainsi entretenus supportent mieux les longs transports qu'implique l'exportation que ceux maintenus en porcheries closes. Toutes les ventes se font au poids, vif ou net, suivant les convenances.

On devine facilement qu'un pareil établissement croulerait si des épizooties venaient à en décimer la population. Elles feraient des ravages terribles dans des agglomérations de porcs qui ne descendent pas au-dessous de 20.000 et montent jusqu'à 80.000. Aussi la Société de Köbanya, dès 1879. s'est-elle préoccupée d'assurer le fonctionnement d'un service vétérinaire sanitaire, de façon à écarter le danger et à maintenir à l'étranger la bonne renommée des porcs venant de Hongrie. Comme, en définitive, l'exportation des porcs est une source de fortune pour le royaume, l'Etat, sur la demande de la Société, a organisé officiellement le service sanitaire à la date du 1er février 1880. Quatre vétérinaires sont chargés des visites.

Tous les porcs venant de l'étranger à Köbanya sont reçus d'office à une rampe de débarquement expressément désignée à cet effet, et gardés pendant six jours dans des porcheries complètement isolées. Pendant cette quarantaine, ils sont examinés un à un par un vétérinaire de l'Etat pour voir s'ils ne sont pas atteints de la fièvre aphteuse ou de toute autre maladie contagieuse, et ils sont langueyés pour la constatation de la ladrerie. Tout porc trouvé malade est immédiatement abattu, sous la surveillance du vétérinaire, et son cadavre, pourvu de marques spéciales, est livré à une fabrique de savon qui fonctionne dans l'intérieur du lazaret. Du 1er février 1880 au 31 décembre 1881, sur un effectif de 270.456 porcs entrés à Köbanya, 5205 ont été retirés de la circulation et abattus, soit 1,92 pour 100. Aujourd'hui qu'on sait combien la surveillance est scrupuleuse à Köbanya, le pourcentage des sujets saisis est moindre.

Les sommes à payer par les expéditeurs sont de 10 centimes par tête pour droit de visite et de 5 francs pour certificat de santé par un ou plusieurs wagons de porcs réexpédiés de Köbanya.

Les vétérinaires sanitaires ont créé, avec les pièces pathologiques trouvées par eux sur les porcs qu'ils font abattre d'office, un petit musée anatomo-pathologique très intéressant. Les étudiants vétérinaires sont astreints à des visites à Köbanya pour l'étude *de visu* des lésions constatées.

Avant de passer à un autre sujet, j'attire l'attention sur une production animale spéciale à la Hongrie, il s'agit de métis ou d'hybrides, je ne sais au juste, de sangliers et de porcs domestiques.

Dans le domaine que possède le chapitre romain catholique à Nagyvarad, comitat de Bihar, on entretient un troupeau de 200 sangliers, dont une partie déjà semi-domestique est parquée sous bois. Des toits à porcs leur ont été aménagés où l'on porte du maïs et de l'orge quand les glands et autres fruits leur font défaut. Ils se reproduisent entre eux. L'autre partie, constituée uniquement de mâles, est parquée avec des truies domestiques qu'ils fécondent. On obtient ainsi des produits dont la chair, de qualité supérieure, est vendue à un prix élevé, comme viande de luxe, à Vienne et à Budapest. Les difficultés de la langue hongroise m'ont empêché de savoir de façon précise, si l'on a fait accoupler ces produits, soit entre eux, soit avec l'une des branches paternelle ou maternelle et ce qui en est résulté. La réponse sera bien intéressante à connaître, puisqu'elle éclairera singulièrement l'origine du porc domestique.

J'ai rapporté de l'Ecole vétérinaire de Budapest des photographies de crânes de ces produits, ainsi que de sangliers semi-domestiques, que je dois à l'obligeance de M. le professeur Monostori. Elles montrent que, sous l'influence de la vie confinée, le groin du sanglier se raccourcit notablement, par défaut d'usage. L'examen des pièces osseuses impose mieux encore cette conviction.

V. La Puszta. — A Arad.

Je quitte Budapest muni de libérales autorisations de visiter les haras hongrois, que M. Tormay, directeur de l'agriculture au Ministère des affaires agricoles et des domaines, et M. Schmidt, directeur des haras au même département, m'ont très gracieusement données.

Mon premier objectif est de parcourir la grande plaine hongroise, et d'assister à une foire importante qui se tient à Arad, le 14 septembre.

Le train nous emmène rapidement vers Szegedin. A chaque gare ou à peu près, de petites troupes de tziganes nous régalent de cette musique à la fois douce et aiguillonnante qu'on entend dans toute l'Europe centrale.

La grande plaine, la Puszta ou Alföld, se déroule de tous côtés, immense, sans horizons. Elle est fort bien cultivée; on n'y voit point d'enclos, de clôtures et de barrières séparatives, tout semble d'un seul tenant, la propriété d'un peuple, non celle d'individus. Les routes y sont rares, peu fréquentées, on passe volontiers dans les champs unis. Peu de vie humaine apparente dans cette immensité; une impression particulière saisit qui deviendrait rapidement mélancolie, si la vie animale et la vie végétale n'y étaient largement réparties. Comme on doit rêver dans le steppe, à moins que l'étendue n'écrase l'esprit et n'entrave l'idéation!

D'interminables champs de maïs verdoient et dressent leurs gros épis; des vignes, admirables de bonne tenue, montrent leurs fruits sous les feuilles maculées par le sulfatage; des pâturages s'étendent sans fin avec, çà et là, des puits surmontés d'un long bras formé d'un arbre entier; de grands troupeaux de bœufs, de porcs, de moutons mouchètent et

animent le paysage. En bas, tout est vert avec des taches noires formées par les terres qu'on prépare pour les semailles; en haut, pas un nuage dans le bleu d'un ciel qui fait pressentir l'Orient. De temps à autre des marais, dont la nappe, empourprée au matin par les premiers rayons du soleil, étincelle dans le jour comme un métal en fusion pour s'assombrir au couchant. Une bande blanche, de largeur irrégulière, court autour de ces marais et fait penser aux chotts africains. Leurs bords n'ont pas cette ceinture de hauts roseaux et de massettes qui entoure les nôtres et sert d'abri aux oiseaux aquatiques. Je vois de loin quelques outardes s'y profiler.

Les villages sont rares, perdus dans l'étendue; les maisons des paysans, fort modestes, sont bâties sur un modèle à peu près uniforme et blanchies à la chaux, suivant la mode orientale. Bien modestes aussi les cimetières, où de petites croix de bois uniformes sont l'éloquent symbole de l'égalité dans la mort. Beaucoup n'ont aucun mur, aucune clôture qui les séparent des terres en culture; des betteraves ou du maïs cotoient les fosses et empiètent sur le champ des morts. L'impression est pénible.

Sur le vert de la plaine, se détachent de très nombreuses troupes d'oies blanches ordinaires que gardent des gamins et des vieillards, une gaule à la main. A mesure que nous approchons de la Theiss ou Tisza, ces bandes deviennent de plus en plus considérables. Pour reconnaître leur bien, les propriétaires les marquent en leur colorant, qui en vert, qui en rouge, etc., la tête, une aile, le cou. J'en ai vu une forte bande complètement peinte en vert.

Quelques chèvres, blanches pour la plupart ou café au lait; passablement de moutons, tous mérinos sans cornes et métis mérinos. Des porcs mangaliczas à robe noire ou grise. Peu de buffles encore, mais énormément de bêtes bovines, qui, le soir, se rassemblent vers les puits et s'y désaltèrent lentement.

Aux environs de Budapest, on voit au milieu des bêtes hongroises proprement dites beaucoup de produits de croisements à la robe pie-rouge, bringée, enfumée, tigrée, mais à mesure qu'on s'enfonce dans le steppe, les bêtes grises dominent de plus en plus pour rester enfin seules occupantes du terrain. Dans ces plaines découvertes et sous ce climat continental, la robe des bêtes bovines hongroises est d'un gris très clair, presque blanche.

Le taureau hongrois est vraiment le roi de la puszta; sa conformation est très belle et très harmonieuse, elle donne l'impression de la force calme. En l'examinant, j'ai mieux compris pourquoi les Anciens avaient fait du taureau le dieu de la force et de la puissance génératrice.

Quant aux chevaux, ils sont uniformément bais et du modèle de ceux de notre cavalerie légère.

Szegedin est surtout une ville industrielle et commerçante a qui le voisinage de la Theiss donne de l'activité. Arad, qu'enserre à l'est une boucle de la Maros, n'a rien de remarquable; une mention doit pourtant être donnée à la statue symbolique de la tentative d'indépendance de la Hongrie en 1849, qui a du cachet et autour de laquelle sont groupés les médaillons des héros de cette époque et de cette cause.

Arad est le siège de foires très importantes qui se tiennent dans un terrain vague, en dehors et à l'est de la ville. Dès le matin du 14 septembre, un de ces jours de marché, j'étais à mon poste d'observation et j'eus sous les yeux un spectacle des plus curieux. De tous côtés arrivaient, sans nul souci de suivre routes ou chemins, et soulevant des tourbillons de poussière, des chars à quatre roues assez basses, grossièrement construits, traînés par deux chevaux habituellement alezans, de la taille et de la conformation des chevaux sardes. Tous étaient attelés à la bricole (je n'en ai pas vu un seul porteur de collier); ils allaient un train d'enfer, excités par un ou deux conducteurs se tenant debout à l'avant de la voiture, les femmes étant entassées à l'arrière sur des bottes de luzerne. Hommes et femmes ont un costume commun et malheureusement aussi une malpropreté commune. Sur la tête un bonnet d'astrakan, laissant échapper des cheveux longs, noirs et graisseux; aux pieds des bottes ou des espadrilles; sur le corps un pantalon brodé par côté et en bas, un gilet à brandebourgs et sur le tout une peau de mouton ou un burnous blanc ne dépassant pas le jarret, avec quelques franfreluches aux épaules.

Les chars, l'ardeur des chevaux, le costume et le type des hommes reportaient invinciblement mon souvenir aux invasions des Huns, dont les Hongrois se disent, non sans fierté, les descendants établis en Europe centrale seulement depuis le xe siècle.

Les chevaux à vendre sont alignés sur quatre ou cinq files; les bêtes bovines s'entassent sans ordre. Beaucoup de vendeurs apportent une botte de foin, la placent à la tête du cheval exposé et, s'en servant comme d'oreiller, s'étendent et s'endorment; on les enjambe en circulant. Les chevaux, habitués à ces pratiques, tirent doucement et peu à peu le fourrage de la botte, ce sont eux qui gardent les dormeurs. Une minorité seulement de chevaux est bonne, le reste est commun, vieux, usé. Les bêtes bovines, en général, sont maigres; on souffre d'ailleurs cette année terriblement de la sécheresse en Hongrie. Tout est grillé par un soleil implacable et les mohas qui, en temps ordinaire, sont un appoint précieux pour l'alimentation du bétail et à qui le sol du steppe convient bien, ne dépassent guère 10 centimètres et forment leur épi presque à ras de terre. J'aurais voulu que les agronomes qui, en 1893, au moment où en France nous souffrions si cruellement de la chaleur, nous recommandaient de semer du moha et nous le présentaient comme bravant la sécheresse, fussent mes compagnons de voyage en Hongrie, il est probable que leur enthousiasme se fût calmé

Pendant ma visite, je remarque deux vaches atteintes d'hématurie; chaque fois qu'elles urinent, leurs propriétaires jettent de la poussière sur la flaque rouge pour la faire disparaître et ils les déplacent. L'hématurie est le fléau de l'élevage de l'espèce bovine dans les provinces danubiennes.

Les porcs sont très nombreux, en bonne condition et appartiennent tous à la race de Mangalicza. Les moutons font également bonne figure. Il y en a de nombreuses bandes, toutes abondamment pourvues de béliers aux cornes longues, perpendiculaires à la tête ou dirigées en avant, mais très éloignées des joues, parfois très régulièrement tire-bouchonnées par les bergers, fort habiles en cet art.

VI. — Aux haras de Mézöhegyès et de Fogaras.

Le plus important des haras de la Hongrie est celui de Mezöhegyès, situé en pleine puszta, au sommet d'un angle dont Szegedin et Arad, reliés par une ligne droite, feraient la base. Il fut créé en 1781 sur un domaine royal qui n'a pas moins de 17.859 hectares. Le directeur du haras, M. le comte d'Orcet, qui est issu d'une famille française au service de l'Autriche, pria M. le capitaine de Szirmay, de se mettre à ma disposition pour tout ce qui regarde les chevaux; M. Krick, inspecteur du domaine, fut mon cicérone pour ce qui concerne bœufs, moutons, porcs et cultures. L'un et l'autre n'ont rien négligé pour me rendre le séjour de

Mézöhegyès instructif et agréable, et je leur suis reconnaissant de leurs bons procédés.

A la création du haras, on fit venir des reproducteurs de Moldavie, de Bessarabie, de Pologne, du Holstein, du Meklembourg, d'Espagne, du royaume de Naples et des Etats barbaresques; les meilleurs produits de l'ancienne race hongroise furent aussi utilisés. On faisait, dans ces débuts, plutôt des essais qu'on ne cherchait à créer des familles chevalines spéciales.

On s'orienta différemment en 1814. A cette époque, les Austro-Hongrois, qui faisaient partie des troupes alliées envahissant la France, s'emparèrent d'un bel étalon normand, appelé *Nonius*, qui se trouvait au haras de Rosières (Meurthe-et-Moselle) et l'envoyèrent à Mézöhegyès. Ce cheval était un remarquable raceur; on lui fit féconder les juments les plus hautes du haras, sans trop se préoccuper de leur origine. Il fit la monte pendant quinze ans, s'accoupla avec ses filles, petites-filles et arrière-petites-filles et parmi la foule des sujets qu'il produisit, soit en consanguinité, soit autrement, on en choisit 211, dont 97 étalons et 114 juments comme reproducteurs. On les fit se reproduire en consanguinité étroite pendant vingt ans, jusqu'en 1834, et on forma ainsi une famille chevaline spéciale, nettement normande, dite des Nonius En 1834, sans doute pour combattre les effets de la consanguinité, on fit venir un autre étalon normand, *Normann*, qui rafraîchit le sang tout en perpétuant le type normand. En 1860, on introduisit le pur sang anglais et l'on fit des croisements de façon à obtenir des anglo-nonius ou anglo-normands; de sorte qu'aujourd'hui, tout en ayant conservé son nom, la famille en question est métisse, mais métisse très homogène, par ce qu'on recourt soit au nonius pur, soit à l'anglo-nonius pour maintenir toujours une conformation identique. Comme elle a pris de la taille sous l'influence de l'excellent milieu où elle vit, on l'appelle *Grand Nonius*.

La majorité des grands nonius est bai foncé, avec une taille moyenne de 1 m 74 ; quelques uns sont de plus haute stature et j'ai vu une jument de 1 m. 86, c'était la plus grande du haras. Dans son ensemble, le groupe est homogène; pourtant sur l'effectif (110 poulinières) j'en ai vu quelques unes à chanfrein busqué; c'est l'exception, les autres ont la tête suffisamment légère et rapellent absolument nos anglo-normands bien réussis.

On a créé à Mézöhegyès, par une ségrégation des plus intelligentes, une famille de *Petits Nonius* Leur taille ne va pas au delà de 1 m. 67. Voici comment on a procédé. Il arrive dans le groupe des grands nonius, comme dans toutes les familles humaines et animales même les mieux caractérisées, que des sujets restent moins grands, sont de type plus trapu que la souche, tout en étant de bonne et harmonique conformation. On les a conservés, mis à part, fait reproduire entre eux et on a ainsi créé une famille chevaline spéciale, de type médioligne confinant au bréviligne, tandis que les grands nonius sont de format longiligne. Comme ceux-ci, ils ont la robe baie ; les réapparitions de chanfreins busqués y sont très rares. Cette famille m'a beaucoup plu.

Un troisième groupe, celui des *Gidrans*, est à signaler. Il doit son nom à un bel étalon arabe, de poil alezan doré, qui vivait, en 1818, au haras de Babolna. On introduisit d'abord quelques uns de ses descendants à Mézöhegyès, afin d'obtenir, avec les juments du haras, les nonius exceptées, des produits plus étoffés et plus hauts que ceux qui naissent à Babolna. Afin d'éviter l'influence de la consanguanité trop prolongée, qu'on considère dans les haras hongrois comme déprimante, on introduisit de temps en temps des étalons arabes, choisis dans le modèle et la robe des descendants directs de Gidran, mais non parents avec eux. A partir de 1860, on fit intervenir le thoroughbred, en sorte que le gidran que j'ai examiné n'est plus un arabe, mais un anglo-arabe. Il n'empêche que ce groupe est d'une remarquable uniformité. La taille moyenne est de 1 m. 60, la robe uniformément alezane, avec liste et balzanes, quelquefois un peu de ladre; en un mot, il y a tendance centripète dans la pigmentation. Depuis vingt ans, dans la famille des gidrans, on n'a vu naitre qu'un seul poulain qui ne fût pas alezan, il était gris; cela donne une idée de la fixité de sa robe, dans le milieu où elle vit. J'ai demandé pourquoi on avait introduit le pur sang anglais dans ce groupe, il me fut répondu que c'était pour affiner le type que le séjour dans les fertiles pâturages de Mézöhegyès alourdissait trop. Il m'a été dit aussi que, parmi les premiers gidrans considérés comme arabes purs, quelques-uns avaient la tête légèrement moutonnée; doit-on penser qu'ils étaient plutôt barbes qu'arabes ?

On voit une quatrième famille de chevaux à Mézöhegyès, celle des *Furioso-Nordstar*. Sa dénomination lui vient de deux étalons de pur sang anglais, Furioso, introduit en 1842 et Nordstar en 1853. Raceurs remarquables, ils ont été accouplés avec toutes les juments du haras autres que celles des trois familles précitées et, malgré cette diversité, ils ont produit des demi-sang, qu'on appellera anglo hongrois si l'on veut, qui, se reproduisant à leur tour entre eux, ont créé le groupe Furioso-Nordstar. Contrairement à ce qu'on aurait pu craindre, les représentants de ce groupe ne sont pas trop fins, l'abondance de l'alimentation a fait son œuvre de grossissement.

La population chevaline considérable de ce haras, constituée par les étalons, les juments, les poulains de l'année, d'un an, de deux et de trois ans, offre dans son ensemble et dans les détails de son entretien des points d'observation bien intéressants. Les étalons exceptés, elle va au pâturage, en troupes formées par des animaux de même âge et de même condition; une jument avec clochette au cou, ouvre la marche. Deux cavaliers, coiffés d'une toque rouge, armés d'un fouet à manche court et à très longue lanière, se tiennent l'un en tête et l'autre en flanc.

Aucun cheval n'est ferré à Mézöhegyès; la nature du sol permet de se passer de la ferrure. Tous sont d'une douceur et d'une familiarité avec l'homme dont nous n'avons guère l'idée ici et qui tient à ce qu'on ne les frappe jamais. Quand on visite un pâturage, loin de s'enfuir a toutes jambes ainsi que le font habituellement les nôtres, ils s'arrêtent et regardent le visiteur d'un bel œil calme et à fleur de tête; beaucoup s'approchent et flairent les poches y cherchant quelques friandises. Le gardien, fatigué d'être à cheval, descend-il pour s'étendre sur l'herbe, sa monture reste près de lui et le garde pendant son repos. On a l'habitude de placer un âne par troupe de chevaux pour familiariser, dit-on, ceux-ci avec la bête aux longues oreilles qui les effrayerait sans cela. On ne craint pas non plus, pour le même motif, d'amener quelques gros chiens.

Ce ne sont pas seulement les manifestations de la beauté, de l'élégance animale, de la douceur et de la joie de vivre qu'on perçoit sur ces chevaux, l'intelligence s'y lit dans l'œil, l'affection de la mère pour son poulain s'y révèle et même on y observe des particularités morbides de l'ordre de celles que nous qualifions de psychiques quand il s'agit de l'espèce humaine. Voici un exemple de l'effort gigantesque effectué par une jument furioso nordstar pour rejoindre son poulain dont elle avait été séparée. On lit sur une plaque posée dans un paddok : « Le 10 novembre 1879, la jument D. Michel, n° 102, M. le capitaine Hamak commandant le quartier et le sous-officier Juhasz Imre étant présents, a franchi d'un bond une barrière de 5 m. 25 de large et de 1 m. 33 de haut ». Cette barrière existe toujours.

Le document suivant pourra servir à l'histoire des perversions du sens génital chez les animaux, si jamais on essaie de l'écrire. Un fort bel étalon, ayant toutes les apparences de la santé, de la force et de la vigueur, a beau être placé près d'une jument disposée à le recevoir, l'érection ne se produit que si on fait d'abord claquer un fouet autour de lui et si on lui en fait sentir quelque peu la lanière dans les jambes. Ne rappelle-t-il pas les humains pervers de la secte des Flagellés?

En examinant les poulains de divers âges, je constate que, chez ceux de cinq à six mois, les épaules sont au niveau du garrot ou à peu près, celui-ci ne sort qu'après cette époque. Parmi ces poulains de six mois, comme parmi ceux d'un et de deux ans, il y a entre les sujets d'une même famille assez d'inégalité de taille, de disparate, tandis que dans ceux de trois ans l'égalité est à peu près la règle. La croissance dans les deux premières années de la vie du cheval est donc chose individuelle, irrégulière, se faisant par à-coups, pour se régulariser à trois ans.

Il en est de même de l'éveil des fonctions génitales et de la descente du testicule; celle ci varie de six à huit mois. Il est des poulains dont les testicules descendent à dix huit mois, d'autres à vingt-quatre et même à vingt-six mois. Du côté des pouliches, c'est à peu près au même âge, avec des variantes semblables, que l'aptitude à être fécondée se manifeste, mais on ne laisse ni poulains ni pouliches se reproduire à cet âge.

On n'est pas, en Hongrie, systématiquement ennemi des poulinages d'automne et, par conséquent, on laisse volontiers l'accouplement se faire au début de cette saison ou à la fin de l'été. On m'affirme, à ce propos, que la gestation qui aboutit au poulinage d'automne est habituellement abrégée et que malgré cela les poulains vivent, tandis qu'elle est de durée normale pour la mise bas de printemps et que si elle est raccourcie, les poulains succombent. Et de fait, on me présente une jument qui, la semaine précédente, a donné trente-sept jours avant le terme normal un poulain que je vois bien vivant et plein de vigueur. La variation dans la durée de la gestation suivant la saison, et son abréviation quand sa seconde moitié s'effectue pendant le printemps et l'été, est assurément un fait des plus curieux.

En parcourant les écuries du haras, je suis frappé de l'absence de rateliers, il n'y a que des crèches et encore sont-elles placées assez bas. Il en est ainsi dans tous les établissements de l'État et dans les écuries de l'armée hongroise. Depuis quelques années le ratelier a complètement disparu. On a accepté les idées de deux vétérinaires français, MM. Martin, de Brienne, et Collin, de Wassy ; ils ont avancé que la position que le cheval est obligé de prendre quand il cherche son fourrage au ratelier est anormale, qu'elle rompt l'horizontalité de sa ligne dorso-lombaire et surtout qu'elle le prédispose au tic. On dit les résultats de la suppression excellents et le tic devenu rare en Autriche-Hongrie.

Une cause d'ennui au haras dans l'élevage des poulains est l'habitude qu'ont ces jeunes animaux de s'arracher mutuellement avec les dents les crins de la queue ; les vétérinaires ont tout essayé pour faire cesser cette habitude vicieuse qui apparait, disparait, revient, sans qu'on en voie la raison, mais ils n'ont pas plus de succès que les aviculteurs qui cherchent à combattre le piquage des huppes de leurs volailles.

Dans le grand domaine de Mézöhegyès on n'entretient pas que le cheval ; de nombreux troupeaux de porcs, de moutons et de bêtes bovines y vivent. Les porcs sont des mangaliczas, les moutons des mérinos-rambouillets. Quant à l'espèce bovine, le fond en est constitué par la grande race grise des steppes. Dans les étables d'engraissement, se voient de ces bœufs gris, puis des styriens blancs comme nos charolais et que je n'en distingue point, des serbes et des bulgares gris comme les hongrois mais plus petits, enfin des Inthalraz à mufle rose ou marbré et de pelage blond.

Pour 520 kilogrammes de poids vif, qui est le chiffre moyen des sujets maigres au début, on distribue une ration de :

5 kilogrammes de foin.
35 kilogrammes de pulpe de betteraves.
4 kilogrammes de drèche de maïs séchée et même un peu torréfiée.

Sous l'influence de ce régime, le gain quotidien est en moyenne de 1 kilogr. 100 gr. par tête. On augmente la ration au fur et à mesure que le poids s'élève.

Les étables des vaches laitières sont supérieurement aménagées. Les crèches sont cimentées et l'eau pure y est distribuée à volonté par des conduites en fonte qui s'abouchent à leur extrémité. Elles étaient peuplées autrefois exclusivement de kuhlands, aujourd'hui il n'y en a plus que quelques spécimens; on leur reproche d'avoir l'attache de la queue trop haute, ce qui nuit à la fécondation. On y trouve en revanche 200 bêtes métisses Simmenthal-Kuhland, donnant chacune en moyenne 2000 litres de lait par an, sans compter la quantité absorbée par le veau pendant la période d'allaitement. Ce lait est vendu 11 kreutzers le litre à Budapest et 10 kreutzers à Arad, ce qui, défalcation faite des frais de transport, le fait ressortir à 8 kreutzers pour le haras.

La pneumo entérite, qui décime les veaux kuhlands, simmenthals et métis, est le fléau de l'élevage, mais elle n'a pas de prise sur les hongrois, d'une robusticité beaucoup plus grande. Pour la prévenir, les veaux sont placés dans des cases à parois en tôle dont la désinfection peut se faire facilement, rapidement et complètement.

Tous les ans des ventes de taurillons ont lieu. Les vieux taureaux sont vendus pour la boucherie avec une perte de 13 kreutzers par kilogramme comparativement au prix du bœuf.

Les jours se sont passés trop vite à Mézöhegyès. Je pars à regret; ce milieu aux horizons lointains et indécis, aux troupeaux sans nombre, produisait sur moi une impression forte et reposante. Chaque soir, dans mon esprit montaient, inoubliés, intacts, les récits bibliques qui ont tant impressionné mon enfance quand mon aïeul maternel me feuilletait le vieux et immortel livre dont les naïves images figuraient des scènes pastorales que je comparais à celles-ci. Mais chaque matin, de puissantes charrues, actionnées par une locomobile à vapeur, labourant la terre, une machine importée récemment de Chicago, arrachant avec bruit la spathe enveloppante des épis de maïs, des appareils mécaniques teillant et peignant le chanvre, battant le blé, fabricant des liens, etc., etc., faisaient disparaître la chère illusion. C'était jadis le steppe; les lois de la zootechnie judicieusement appliquées, les principes de la culture améliorante et les progrès les plus récents du génie rural adoptés, en ont fait un des plus beaux domaines agricoles qu'on puisse rencontrer et l'un des joyaux de la couronne de Saint-Etienne.

A une heure de chemin de fer à l'est d'Arad se termine la région de la plaine; les premiers contreforts des Carpathes apparaissent et peu à peu nous montons sur le plateau de Transylvanie. La température a fraichi, et, bien que nous ne soyons qu'au 15 septembre, les sommets carpathiques sont déjà couverts d'une légère couche de neige tombée dans la nuit précédente.

Au fur et à mesure que je traverse de l'ouest à l'est la Transylvanie, le nombre des buffles augmente notablement. La race bovine grise a des cornes moins formidables que dans la puszta et plus de diversité dans la nuance de la robe qui se fonce ou tourne au fauve quand l'habitat est complètement montagneux. Bœufs et buffles ont une rapidité d'allures bien supérieure à nos représentants de l'espèce bovine.

J'arrive au haras royal de Fogaras, situé au milieu d'une région élevée, dans l'angle que forme la Transylvanie en touchant à la Moldavie et à la Galicie, non loin des frontières de ces deux pays. M Zanko, sous-administrateur du domaine, me reçoit cordialement. D'avance il a réclamé les bons offices de M. Gara, professeur de langues vivantes à l'Ecole de Commerce de Fogaras, qui me servira de cicérone et d'interprète pendant mon séjour dans le pays et auquel j'envoie à nouveau mes remerciements Son assistance n'était pas inutile, car bien que Fogaras, ne soit qu'une ville de modeste importance, on y trouve les représentants de six nationalités et on y entend parler cinq langues. Il y a des Hongrois, fonctionnaires ou grands propriétaires, des Juifs, commerçants en bestiaux et en domaines, des Saxons, tous éleveurs, des Arméniens (de Batoum et des bords de la Caspienne), épiciers et merciers, des Roumains, faisant les travaux agricoles, et des Slaves, qui y passent l'été pour exécuter, avec les Roumains, les travaux de la terre et s'en retourner chez eux pendant l'hiver. Cette multiplicité de races et de nationalités vivant côte à côte, enchevêtrées, nullement confondues, rivales plutôt qu'émules, qui rend les questions politiques concernant les pays circumdanubiens si brûlantes et quasi insolubles, se représente dans toute cette partie de la Transylvanie; on traverse un village entièrement roumain pour passer dans un voisin complètement saxon, puis dans un hongrois, etc. L'Église grecque alterne avec la latine, le temple protestant et la synagogue se montrent ici et là, et, au voisinage de chacun de ces édifices, l'école perpétue la langue et l histoire Ce particularisme, si étonnant pour un Français habitué à trouver dans sa patrie l'unité ethnique, et imprégné de notre centralisation administrative qui a tout aplati en voulant tout unifier, donne forcément à ces familles rivales un vif esprit d'initiative et une grande souplesse intellectuelle. Leurs enfants apprennent sans aucune des difficultés que nous éprouvons trois et même quatre langues, on trouve cela tout naturel parce que c'est nécessaire. Au dire de M. Gara, qui en sa qualité de professeur de langues vivantes est un juge compétent, les enfants juifs sont vraiment étonnants sous ce rapport; ils naissent polyglottes, semble-t il.

Les Saxons et les Juifs seuls sont habillés à la française; les autres ont leur costume spécial et le dimanche c'est un bariolage fort pittoresque.

Le domaine constitutif du haras de Fogaras est morcelé et les stations plus disséminées qu'à Mézöhegyès; la topographie du terrain en est la cause en partie.

Le haras des etalons, que dirige un parfait gentilhomme, M le comte Palffy, est sis à Sombatfalba. Il est peuplé de chevaux appartenant à la famille des *Lippitzans*. Ces chevaux tirent leur nom du haras de Lippitza, en Illyrie.

On entretint jusqu'en 1881 à Mézöhegyès, à côté des quatre familles dont il a été question, un cinquième groupe qu'on appelait Lippitzan et qui avait été formé par des chevaux espagnols de Lippitza, quelques napolitains et des transylvains.

On envoyait ces chevaux faire la remonte en Transylvanie. Mais le fertile territoire de Mézöhegyès produisant son œuvre habituelle d'exhaussement de la taille, il y avait disparate entre ces étalons et les petites juments carpathiques. Aussi se décida t-on à envoyer les Lippitzans sur les lieux même, à Fogaras. On renforça le lot expédié par l'achat de poulinières achetées sur place.

Le cheval lippitzan que j'ai observé à Fogaras est d'une taille oscillant de 1 m. 57 à 1 m. 62. Son pelage est habituellement brun, avec deux balzanes, quelquefois gris ordinaire ou gris pommelé; la tête est large, l'encolure fort bien proportionnée, le tronc ramassé; les membres, et tout particulièrement les sabots, sont excellents. La crinière et la queue sont plus garnies de crins que chez les chevaux de Mézohegyès; le type étant trapu, la queue traine à terre.

La plupart des Lippitzans vont l'amble. En résumé, ces chevaux m'ont produit la meilleure impression et j'en souhaite de semblables à mon pays; ils doivent constituer, malgré leur taille qu'on trouvera peut-être un peu faible, de parfaits chevaux de troupe. Dans l'armée hongroise, le minimum de la taille du cheval est de 1 m. 56.

J'ai fait remarquer combien les membres et les sabots sont de bonne conformation dans ce groupe; je suis tenté d'en trouver la raison dans le mode d'élevage. On est dans un pays montagneux, les poulains sont élevés en montagnards. La station de Felsö-Venieze, sise au milieu de forêts, les reçoit dans ses écuries pour la nuit et on leur distribue matin et soir un peu d'avoine, jamais d'orge ni de maïs. Pendant la journée, on les lâche sous bois et c'est grand plaisir de les voir escalader des pentes raides, franchir des ravins, sauter des troncs abattus, s'éparpiller et se poursuivre sous le couvert de la frondaison, puis chercher leur nourriture dans les herbes forestières. Quelques-uns s'empoisonnent, m'a-t-on dit, en broutant *Adonis æstivalis*, commun dans les forêts des Carpathes; on subit cet inconvénient en considération de la *robustezza* qu'acquièrent les survivants.

On entretient parallèlement cinq familles de Lippitzans,

celles de Favorite, Conversano, Pluto, Napolitеano et Maestro; on leur rafraîchit le sang les unes par les autres pour éviter la consanguinité.

Comme à Mézohegyès, je vois à Fogaras des juments mettre bas en septembre et l'on n'y craint non plus nullement cette époque pour le poulinage.

Le sol inégal et pierreux impose la ferrure qui est usitée non seulement pour les chevaux, mais aussi pour les bœufs et les buffles de travail.

Les poulains sont tous conservés jusqu'à quatre ans, âge où l'on procède au triage ; ceux qui sont éliminés sont vendus au public pour 500 à 600 florins en moyenne.

Après la visite des chevaux, j'allai à Csarkany où se trouve une très importante station de buffles, car l'administration des haras de Hongrie se préoccupe de cet animal comme des autres. M. le comte de la Motte, directeur de cette branche d'élevage, est de souche française comme M. d'Orcet; c'est un ancien combattant du Mexique, aux côtés du général Clinchant et de M. d Espeuilles, aujourd'hui sénateur, avec qui il conserva des relations.

Il avait été prévenu de mon arrivée. Par une attention délicate qui révèle une âme de gentilhomme et qui m'émut aux larmes, après les présentations de ses collaborateurs qui l'entouraient, il m'offrit la belle rose « Enfant de Lyon », l'une des créations et des gloires de nos rosiéristes lyonnais, très appréciée là bas. Ce souvenir donné à ma ville, dans un coin de la campagne transylvaine, à 1500 kilomètres des bords de la Saône, me fut doux.

Nous parcourons ensuite les pâturages arrosés où se trouvent les mâles, les troupeaux d'élevage et les buffletins. Chemin faisant, M. de la Motte m'apprend que de temps à autre naissent des buffletins blancs, véritables albinos, stériles. Le buffle des Carpathes étant d'un noir très foncé, je recueille avec plaisir ce nouvel appoint apporté à la loi de réaction que j'ai dégagée de mes études de zootechnie générale.

Depuis qu'il est à la tête de la station, trois bufflesses ont eu des portées doubles et dans chaque portée, il y avait au moins un albinos quand les deux buffletins ne l'étaient pas l'un et l'autre. Il n'a jamais vu, et personne parmi ses subordonnés n'a vu, de tentatives d'accouplement, même sous l'empire du rut le plus accentué, entre les espèces du buffle et du bœuf. Ces espèces sont sans doute encore plus éloignées physiologiquement que morphologiquement.

Deux races bovines sont entretenues à Fogaras, la grise des steppes et la Pinzgau, celle ci pour la production du lait, du beurre et du fromage qu'on expédie à Koloswar, Hermanstadt, Brasso et Budapest. N'étaient les droits de douane, Bucharest offrirait aussi un débouché.

On recueille chaque jour en moyenne 250 litres de lait de vache et 210 litres de lait de bufflesse à Fogaras. Les colonies saxonnes semées dans la région ont aussi fréquemment la vache Pinzgau.

Le mouton entretenu à Fogaras appartient à la race dite *Ratzka transylvaine*, de forte taille, laitière et fournissant une très bonne viande. On me donne une curieuse indication sur son entretien en hiver. Le tabac est cultivé sur de grands espaces au domaine du haras; on n'enlève pour l'usage spécial que tout le monde connait que les feuilles principales et les plus belles, toutes les autres restent sur les plants. Après les gelées de novembre et décembre, vers Noël, on mène les moutons ratzkas dans les plantations; ils consomment les tiges et les feuilles flétries par le froid non seulement sans en éprouver aucun dommage, mais avec profit, car ils s'engraissent. Avant les gelées, il serait imprudent de livrer les champs de tabac à la dépaissance, la nicotine ayant toute son activité.

Avec le lait des brebis ratzkas, on fait des fromages qu'on enferme dans des vessies et dont ils prennent la forme.

Les porcs sont de type méditerranéen ou napolitain. Je vois quelques lots d'oies frisées et de poules à cou nu, mais ils ne forment pas le fond des basses-cours, les races communes le constituent.

On s'occupe aussi de pisciculture au haras de Fogaras et j'ai été frappé par un élevage de truites fort bien entendu.

Deux observations seulement à propos des cultures et des récoltes. L'avoine végète très bien sur le plateau de Fogaras et elle est d'un bon profit; je n'y ai vu que la variété blanche. Il en est de même du trèfle ordinaire *(T. pratense)*. On l'ensile pour la nourriture d'hiver et on a soin de disposer les silos toujours *au dessus* de la terre et non dans le sol, le premier mode donnant un fourrage doux et de bon profit, le second un fourrage acide moins estimable. Ce trèfle doux entre pour un tiers dans la ration d'hiver du bétail.

Le maïs est ensilé en suivant rigoureusement les indications de feu Goffart. Il est donné en mélange aux jeunes bœufs; on le fait entrer aussi pour une part dans la ration des bœufs à l'engrais.

Mes observations achevées, je regagne la ligne de Brasso-(Kronstadt) Prédéal. Je serre une dernière fois la main de M. Gara qui a voulu me suivre presque jusqu'à la frontière et me voilà dans la région absolument montagneuse. Les bêtes bovines continuent à se foncer et arrivent au brun complet, le fauve se montre. Le type se modifie, de longiligne il devient trapu; les cornes sont de moins en moins longues. Du type gris des steppes, on arrive au type brun des montagnes.

VII. — En Roumanie, Bulgarie et Turquie.

A Prédéal, je n'éprouve aucun des ennuis qui attendent le voyageur aux gares frontières pour la douane, les passe ports, le change de monnaie. M. Stavresco, vétérinaire de l'armée roumaine et ancien élève de l'Ecole vétérinaire de Lyon, m'attendait ; il a aplani toutes les difficultés.

Sorti des passes, notre première étape fut Sinaïa. C'est une ville récente ou mieux un bel agrégat de villas de tous les styles qui s'élèvent sur la pente méridionale des Carpathes Séjour d'été de la cour roumaine, l'aristocratie y est accourue et s'y fixe pendant la bonne saison. Les étrangers y affluent aussi. Le château royal et le chalet du prince héritier sont au nord de la ville, dans une situation ravissante, entourés de hauts sapins ; l'avenue Carmen Sylva les relie à Sinaïa, on l'enguirlandait pour la rentrée de la reine absente de Roumanie depuis deux ans. De la terrasse du vieux couvent de Sinaïa la vue est splendide, elle embrasse les contreforts de la chaine de montagne que coupent de profonds ravins et qui sont très boisés. A ce moment le feuillage prenait ses teintes automnales, le soleil n'était plus trop chaud, le ciel était très pur ; nous avons pu, M. Stavresco et moi, jouir pleinement du paysage.

Les chevaux de cette région sont identiques aux transylvains. Les bêtes bovines sont fauves en majorité et rappellent, si elles ne leur sont pas identiques, nos tarentaises ; d'autres ont conservé la livrée grise des bêtes hongroises. Un certain nombre ont les cornes petites, dirigées en avant, avec le front concave ; morphologiquement ce sont de vraies jersiaises.

De Sinaïa à Bucharest, il y a trois heures de chemin de fer. Pendant la première demi-heure, la route est encore pittoresque; à droite et à gauche s'allongent, s'abaissent et s'effritent les dernières ramifications des Carpathes, puis on est dans la plaine qu'on ne quitte plus jusqu'à la capitale. A signaler des puits à pétrole en exploitation.

J'arrive le soir à Bucharest. Le lendemain matin, la ville est en fête; je m'informe, on me répond qu'on célèbre la Nativité de la Vierge. C'est la deuxième fois en quinze jours que je vois cette fête, à cause de la différence entre le calendrier grec qu'on suit ici et le grégorien adopté dans les pays catholiques romains d'où je viens. Je profite de l'occasion pour assister à une cérémonie du culte catholique grec et visiter une église de style oriental Le patriarche offi cie, la foule est compacte, pleine de foi, elle baise avec ferveur les images religieuses ou les dalles de l'église. Le luxe de l'ornementation. l'abondance des ors, la multiplicité des icônes entassées, ne conviendraient pas à nos habitudes de gens du nord, mais c'est courant en Orient.

Bucharest est une ville très vivante, qui s'agrandit et s'embellit rapidement; de tous côtés on perce des boulevards, on édifie de somptueux hôtels. Sur les ruines d'une ville orientale, on bâtit une capitale toute moderne et d'un bond on passe aux raffinements de la civilisation la plus avancée. Mais à la périphérie il reste encore des quartiers purement orientaux, aux nombreux bazars, où les buffles attelés à des chars se reposent couchés dans la rue J'ai parcouru avec plaisir ces labyrinthes, fourmilières d'humains aux vêtements malpropres, mais de couleurs éclatantes; on m'offre de l'eau fraiche, des raisins, des sandales, des olives, des perles, des bracelets, du caviar, du café. Bien curieux aussi le marché où je suis allé un matin; toujours cette fourmilière d'hommes et de femmes de tous costumes, assis, accroupis autour de montagnes de tomates. d'aubergines, de piments, de céleris, d'oignons, de persil à racine grosse comme la carotte, ou surveillant des étaux sur lesquels un monstrueux poisson du Danube, pesant plus de 150 kilogrammes, et l'esturgeon se débitent en tranches à côté des boucheries où le bœuf et le buffle se concurrencent.

La mendicité étant devenue à Bucharest, comme en bien d'autres villes d'Europe, une véritable industrie, on a pris la bonne résolution de faire la charité avec des tickets que les pauvres vont échanger contre de la soupe dans un établissement spécial.

Pour avoir une idée de la vie, du mouvement et du luxe de Bucharest, il faut se promener le soir, vers cinq heures, à la Chaussée Kisseleff, magnifique promenade créée en 1849. Les attelages s'y suivent et s'y croisent, très nombreux et très luxueux, comme à l'avenue des Champs-Elysées à Paris La plupart sont composés d'un couple de trotteurs d'Orloff, au poil noir jayet, dont le harnachement est russe ; d'autres sont formés des plus beaux et des plus forts chevaux hongrois, vraisemblablement de sang Nonius. Le goût de l'attelage luxueux, qui décline tant ailleurs, se maintient jusqu'ici intact dans les classes riches de Roumanie. Exception faite pour les attelages à la russe, l'usage du collier n'existe à peu près pas en Roumanie, on ne se sert que de la bricole, comme en Hongrie.

Le meilleur moyen de connaître la nature du bétail de consommation courante était de me rendre à l'abattoir. J'y suis allé en suivant le quai Damboritza ombragé de sophoras du Japon en ce moment chargés de gousses. Les vétérinaires inspecteurs des viandes me donnent très complaisamment tous les renseignements désirables L'établissement fort bien tenu est éclairé à l'électricité; on y a tué ces dernières années une moyenne de 6 500 bœufs par semaine. A côté des bêtes grises des steppes, on en voit de fauves rappelant les bêtes d'Afrique que je crois issues des premières et un certain nombre de brunes ressemblant aux montafones; je vois aussi quelques grands bœufs blonds comme on en trouve en Piémont et d'autres à robe bringée.

Bœufs et buffles sont exclusivement consommés par les citadins. Le paysan roumain, fidèle gardien des coutumes de l'antique laboureur grec et romain, se refuse à manger la viande fraiche d'animaux qu'il considère comme ses compagnons de travail; il n'y touche, et encore rarement, que sous forme de viande séchée et de saucisses Sa nourriture habituelle, indépendamment des légumes et des fruits, consiste en chair de mouton et d'agneau; il tue aussi un porc chaque année.

Les étables des laitiers des environs de Bucharest sont peuplées de Simmenthal et de Pinzgau. Le beurre est rare et cher en Roumanie; la sorte ordinaire valait, à mon passage, de 3 fr. 50 à 4 francs le kilogramme et celle de choix 7 francs. La Russie fournit la plus grande partie de ce qui est consommé.

Lors de la visite que j'ai faite à l'Ecole d'agriculture de Herestrau, située dans la banlieue de Bucharest, j'ai vu des métis issus du croisement du taureau hollandais et de la vache des steppes. Le type hollandais est dominant de beaucoup sur ces métis, contrairement à ce qu'auraient préjugé ceux qui parlent de la prédominance des races anciennes et peu perfectionnées, mais conformément à ce que nous avons obtenu à Lyon dans les croisements dishleys-barbarins où le type Dishley étouffa le Barbarin. M. le Directeur du Laboratoire de chimie de cette école veut bien mettre sous mes yeux des analyses comparatives du lait des diverses races et femelles métisses entretenues à l'établissement; il en résulte que, si le lait de la vache grise indigène n'est pas abondant, il est très riche en beurre.

L'Ecole vétérinaire, dont les portes me furent libéralement ouvertes par son aimable Directeur, M. Locusteano, et où j'ai pu réaliser sur le buffle une expérience relative au charbon symptomatique, inexécutable en France puisque l'espèce bubaline n'y existe pas, est de construction récente; quelques services étaient encore aux mains des ouvriers. Le système de la séparation des bâtiments et de la création d'instituts distincts a été adopté. On y voit, entre autres, un institut vaccinogène très bien compris, situé à l'un des angles du Parc. L'institut zootechnique est pourvu d'écuries pour étalons, de bouverie, bergerie et porcherie où M. le professeur Vasilescu pourra se livrer à l'expérimentation et continuer, en particulier, les expériences qu'il poursuit pour la formation d'une race de porcs monodactyles J'ai examiné ceux-ci avec l'intérêt que mérite une chose aussi importante que le début d'une nouvelle race Dans les autres services, j'ai remarqué un box capitonné pour les animaux frappés de vertige, un autre complètement obscur pour les sujets atteints de maladies des yeux, un appareil à baigner les chevaux qui consiste en un plan en bois, sur lequel on amène les animaux et qu'on fait descendre doucement dans l'eau, une voiture-tombereau pour l'enlèvement des cadavres, imaginée par M. Locusteano, un grand hall vitré comme salle d'opérations etc., etc. Il existe une clinique préparatoire ou physiologique.

En ce qui concerne les ordures ménagères, le service de la voirie municipale de Bucharest s'est arrêté à la solution la plus conforme aux lois de l'hygiène, elles sont incinérées dans d'immenses fours brûlant jour et nuit. L'enlèvement de ces résidus est fait, non en régie, mais directement par la voirie municipale qui possède pour cela et pour les autres services, celui des pompes en particulier, un matériel important et une nombreuse cavalerie.

Bien intéressante à étudier est celle-ci : car, pour trainer les lourds tombereaux de la voirie, on a été obligé d'importer des chevaux de gros trait, la Roumanie n'en produisant point On a fait venir des Clydesdales, des Murinselaner (de Styrie et Croatie) et des Pinzgau. Pour éviter les frais assez lourds de nouvelles importations (chaque cheval importé de Croatie à Bucharest revient à 1200 francs), on a essayé de les faire reproduire Or jusqu'ici les Clydesdales n'ont rien donné; il y a eu fécondation, puis l'avortement est survenu ou les poulains nés à terme sont morts peu après. Les Murinselaner et les Pinzgau mènent à bien leur progéniture, mais la taille diminue, les formes s'affinent et les sujets marchent rapidement vers la conformation des animaux du pays, bien qu'ils soient de souche toute différente; nouvelle preuve, nettement démonstrative, que le milieu façonne les races, que celles-ci ne conservent leurs caractères propres que dans leur milieu natal ou dans des conditions mésologiques semblables. L'affinement dont je parle n'implique point une action débilitante, car les petits chevaux roumains sont très vigoureux, très robustes et conservent longtemps leurs qualités prolifiques; j'ai vu un poulain, né d'un père âgé de vingt six ans et d'une mère de vingt-trois ans.

Une excursion au haras national de Nucet me permit de constater les efforts très sérieux et très persistants, mais pas toujours heureux, qui ont été faits pour l'amélioration du cheval roumain. Au lieu de s'en tenir au Lippitzan ou à l'arabe qui, à mon jugement, étaient indiqués, on a fait venir l'anglais et le demi-sang, oubliant que la taille moyenne du cheval qu'on trouve entre les mains des paysans roumains est de 1m30 seulement; on a voulu grandir immédiatement les produits et on n'a pas complètement réussi J'ai dit franchement mon opinion à cet égard à M. Carp, ministre de l'agriculture et des domaines, qui me fit l'honneur de m'appeler à Sinaïa pendant mon séjour en Roumanie, ainsi qu'à M. Popoff. directeur des affaires agricoles et vétérinaires au Ministère. Depuis mon passage, j'ai appris que le haras avait été déplacé et transporté à Cislau, dans la région des Carpathes.

En Roumanie, comme en Hongrie, la fluxion périodique est commune.

Pendant mes excursions, je pus examiner, à loisir, le mouton tsigaï ou à courte-queue qui, avec le Tzurcana ou Barkana et le Stojosa, constitue le fond de la population ovine. On trouve pourtant, en Dobrodja, des métis mérinos-tsigaïa, dont la laine alimente les fabriques de drap de Moldavie; on les appelle Spanca (dérivé d'*espana*, mouton d'Espagne).

La chèvre roumaine appartient à notre race commune avec prédominance du pelage roux; il en est quelques-unes de noires, de grises, de blanches ou de pies. Les cornes sont de développement moyen, le pis n'est pas très pendant, les oreilles sont perpendiculaires à la tête. Il y a des métis produits avec des chèvres nubiennes, reconnaissables à leurs oreilles fortes et comme cassées. On qualifie ici les chèvres nubiennes d'anatoliennes et on les dit importées par des Grecs établis en Roumanie.

On a l'habitude, à Bucharest, de faire boire aux enfants malingres du lait de chèvres rousses, prétendant qu'il est plus fortifiant que celui des chèvres d'autres nuances.

Le porc est un méditerranéen par la tête, les oreilles, la conformation typique du groin, mais le tronc est passé à l'hyperlongiligne, les membres sont très allongés, la ligne dorso-lombaire voussée en haut; les soies, nullement frisées, sont blanches, rousses ou la robe est pie. Les doigts s'effilent et les animaux paraissent marcher sur des épines. En résumé, ce porc n'a aucunement été amelioré comme il le fut de l'autre côté des Carpathes. La finesse de ses extrémités empêche l'étonnement quand on trouve quelques sujets monodactyles dans cette région, comme c'est le cas de temps immémorial.

La volaille est fort négligée en Roumanie; la race galline commune est chétive et pouilleuse. Il y a beaucoup à faire de ce chef. On voit quelques poules cochinchinoises qu'on appelle turques et quelques canards barbarins qualifiés de polonais.

Pour passer en Bulgarie, il faut traverser le Danube en bateau, le chemin de fer s'arrêtant à Giurgevo et aucun pont ne le faisant communiquer avec celui de Roustchouk à Varna.

De bon matin, je suis sur les bords du fleuve; j'y trouve quelques Français qui poussent jusqu'à Constantinople, nous faisons bien vite connaissance et l'un d'eux, M. Demaria, me devient un fidèle compagnon de voyage. Photographe amateur, il a pris nombre de scènes, d'édifices et de paysages dont la vue me remémore aujourd'hui ce que le temps effacerait peu à peu de l'esprit.

Pendant qu'à grand fracas de chaines on embarque le chargement du bateau qui doit nous emmener, je jouis délicieusement du réveil de ce qui m'entoure. Sur la rive roumaine, sont couchées des bandes de buffles, gardiens paresseux du fleuve, dont le manteau noir se détache sur le fond vert environnant; çà et là quelques tentes encore endormies pour la plupart. Une jeune fille vêtue d'un très court jupon rouge, les jambes complètement nues, suit le bord de l'eau et ramasse des épaves de bois qu'elle passe à une femme âgée qui l'accompagne.

Sur la rive bulgare, en face de nous, des fourrés de saules d'où s'élève une buée floconneuse, légère, qui bientôt se perd dans le saphir d'un ciel d'Orient.

La sirène donne le signal, nous quittons la terre roumaine, nous remontons pendant quelque temps le Danube et nous abordons à Roustchouk.

De suite on se sent en présence non seulement d'un autre

peuple, mais d'une autre race. Nous sommes en Bulgarie, chez des Slaves; ils en ont le type et la mentalité La douane et l'office des passeports fonctionnent avec un rigorisme sans accommodements; tout est sévère en Bulgarie, je m'en suis aperçu partout.

La civilisation de ce pays est encore bien rudimentaire. Les habitations des paysans ne sont guère que des huttes, les cimetières un assemblage de pierres levées; la nourriture y est primitive et nécessite un estomac solide et indifférent sur la nature des choses qu'on lui offre, mais quelle énergie respirent ces Slaves taillés à coup de serpe et non encore affinés!

Je me dirige vers l'est à l'aller, devant traverser l'ouest du pays au retour. On suit les dernières ramifications des Balkans. Les chevaux bulgares indigènes sont identiques aux chevaux valaques avec un peu moins de taille en général. Les ânes sont nombreux, de bonne stature, d'allures vives; ils constituent une monture commune.

Les bœufs et les buffles paissent côte à côte.

Les bêtes bovines sont encore du type des steppes, à cornes au dessus de la moyenne, mais moins longues que celles des hongroises. La robe brune et la fauve se montrent tantôt ici, tantôt là, comme on le voit dans tous les pays où existe la race grise. Le bétail bulgare est très uniforme, il rappelle nos marchois avec une taille un peu moindre et des cornes plus développées. En approchant de la mer Noire, les formes se régularisent, le type s'améliore, les cornes s'amoindrissent: c'est le pur schwitz qui est sous nos yeux.

Les troupeaux de moutons sont nombreux et considérables; on compte 7 060.353 bêtes ovines en Bulgarie, soit 2238 par 1000 habitants. Ces moutons sont blancs, gris, roux et noirs; les roux dominent. Beaucoup de pâtres ont le turban, une large ceinture, avec pantalon large du haut et serré du bas.

Les chèvres sont rousses et du type d'Anatolie déjà vu en Roumanie. La statistique en accuse 1.453.462, soit 460 par 1000 habitants.

Volailles médiocres; oies nombreuses, non frisées généralement.

Je quitte la Bulgarie orientale par Varna et prends passage à bord de la *Ville de Trieste*, du Llyod autrichien, qui doit nous emmener à Constantinople. L'embarquement des passagers et des marchandises est interminable; nous quittons le port seulement au moment où le soleil, s'enfonçant lentement derrière les Balkans, empourpre les flots, puis la pointe des minarets. Nous entendons la voix aigre des muezzins qui appelle les croyants à la prière; je me découvre et j'envoie un souvenir profondément ému à la mémoire des soldats français qui dorment au cimetière de Varna, emportés par le choléra qui fit tant de victimes parmi les combattants de Crimée.

Le pont est encombré de miséreux, de tous costumes et de toutes langues, qui s'y étendent pour passer la nuit.

Nous voilà sur la mer Noire *(mare sinistrum)* relativement calme à ce moment. Un Arménien facétieux, qui vient de vendre ses soies à Créfeld, nous égaie de ses histoires et nous restons à fumer sur le pont pendant longtemps, puis chacun disparait tour à tour dans sa cabine.

Le lendemain matin, à 7 h. 1/2, nous entrons dans le Bosphore. Le soleil encore peu élevé à l'horizon n'éclairait directement que la rive européenne avec son fouillis de casernes, d'ouvrages de défense aux canons monstrueux, de villas, de palais, de consulats, de terrasses, de jardins et de cimetières aux cyprès pressés; la rive asiatique, non moins bien pourvue, restait dans la pénombre.

La visite de santé nous arrête longtemps, puis très lentement nous avançons au milieu de navires de tous pavillons et de barques qui nous accostent; nous pouvons à loisir jouir d'un panorama unique au monde. Nous tournons en face de la pointe du Sérail et nous sommes dans la Corne d'Or où nous nous arrêtons, avec Stamboul d'un côté, Péra et Galata de l'autre.

Τό πόαγμαν ἐστὶν, sont les premières paroles que j'entends en mettant le pied à Péra; elles suffisent à montrer que ce quartier n'est pas turc, pas plus que Galata d'ailleurs. Quant au vieux Stamboul avec ses mosquées aux puissantes coupoles, sa forêt de minarets, ses palais, ses rues étroites, encombrées d'une foule masculine de toutes teintes, de femmes plus ou moins voilées, de buffles, d'ânes, de chevaux à la file, de marchands de raisins, figues, abricots et coings, de portefaix aux charges incroyables, de bouchers portant les morceaux de viande enfilés à un long bâton, son bazar dont je n'ai vu que les ruines par suite d'un récent tremblement de terre, ses cimetières, tout cela a été décrit souvent et très bien. Ce serait m'écarter du sujet de mon voyage que de reprendre cette description.

Tout le monde a entendu parler des chiens de Constantinople. Il y en a une quantité; très doux, la journée ils sont couchés le long des trottoirs et on les enjambe ; aussitôt que la nuit tombe, un long concert d'aboiements s'élève au-dessus de la ville et ils commencent leur mission de chiffonniers. Ils sont à poils roux pour la majorité, quelques-uns pie-marron et pie jaunâtre, gris ou noirs, les oreilles sont dressées et le nez pointu ; ils rappellent le loup et le renard (fig. 1).

J'ai été frappé de la quantité de volailles qu'on élève à Constantinople; la disposition en pavillons isolés des habitations turques s'y prête du reste, tandis que les véritables casernes qu'on voit dans les villes d'Occident, où s'entassent de quinze à quarante familles, ne comportent pas cet élevage. Les races gallines sont très variées; la malaise, qu'on

FIG. 1. — Les Chiens de Constantinople.

appelle indienne ici, est dominante; viennent ensuite la cochinchinoise dénommée turque, la sultane, la cosaque, couramment désignée sous le nom de hongroise, la hérat, la walikiki, la commune et beaucoup de poules naines.

Les dindons sont abondants, mais j'ai été étonné de ne pas voir de pintades. L'oie frisée et l'oie ordinaire y sont élevées parallèlement, de même que le canard de Barbarie et le barboteur commun.

Les quelques lapins que j'ai vus étaient tous des angoras, la plupart noirs avec collier blanc, les autres ardoisés.

Ce que je viens de dire de Constantinople s'applique à la Roumélie et à l'Anatolie, où j'ai trouvé les mêmes races d'oiseaux domestiques. Il n'en est pas de même pour l'espèce ovine. En Turquie d'Europe, je n'ai vu, à quelques exceptions près, que la race déjà rencontrée en Bulgarie, tandis qu'en Asie Mineure, on n'observe que la race à large queue. Celle ci est amenée presque exclusivement à Stamboul; de petits troupeaux de cinq à huit têtes campent dans les ruelles, devant les boucheries, y sont égorgés et vendus aux Turcs qui en préfèrent la viande et la graisse surtout celle de la queue) à celles des moutons d'Europe. Ces derniers alimentent les boucheries de Pera et de Galata, et leur chair est recherchée par les Français, Italiens, Grecs, etc., qui habitent ces quartiers populeux. On les désigne couramment sous le nom de moutons d'Andrinople ou de Philippople; la plupart sont noirs, à cornes petites, à laine longue et de taille exiguë, ils correspondent à nos auvergnats.

On voit la chèvre commune d'Occident, la chèvre maltaise dite ici chèvre d'Anatolie, des métis des deux races, et aussi, mais plus rarement, la chèvre d'Angora.

Du buffle je n'ai qu'à rappeler qu'il est extrêmement répandu et très prisé comme travailleur.

Le fond de la population bovine de la Roumélie appartient

toujours à la race grise des steppes, avec une taille au dessous de la moyenne et des cornes fortes assurément, néanmoins n'ayant pas la longueur de celles des bêtes hongroises. Sur les côtes d'Asie Mineure, où le terrain appartient aux formations primitives, la taille est plus petite encore, de 1 mètre à 1 m. 15, et le poids vif ne dépasse pas 400 kilogrammes pour les bœufs. Le pelage est fauve ou gris foncé ou noir mal teint. Les cornes sont grosses à la base, dirigées en dehors et en haut, à peu près sans courbure. Ces bœufs rappellent les Corses et les Camargues.

A côté de ces animaux, il y a une bonne proportion de métis issus de l'union de la race de Crimée, dont il sera question plus loin, et des animaux indigènes. Nous avons pu les étudier à l'Ecole d'agriculture d'Halkali.

Cette Ecole, de création récente, est située non loin de San Stéphano, célèbre par le traité de ce nom, et du lac Tchekmedje. Les bâtiments en sont tout neufs et leur distribution est bonne; malheureusement le violent tremblement de terre du mois de juillet les avait lézardés; l'aile droite avait particulièrement souffert. Des baraquements avaient été installés dans la cour pour recevoir provisoirement les élèves et quelques services.

Cette Ecole, fort bien conduite par Mahzar bey, directeur, et T. Stratigopoulos, sous-directeur, que je remercie de l'hospitalité cordiale qu'ils m'ont offerte, est tenue avec une propreté et un ordre, rares partout, mais surtout en Orient. Elle ne pourra manquer de produire d'heureux résultats pour l'agriculture turque, car elle est bien outillée, pourvue des instruments d'intérieur et d'extérieur de ferme les plus perfectionnés; son domaine est suffisamment vaste pour y faire de belles cultures et élever du bétail.

Au début, c'était une École mixte d'agriculture et de médecine vétérinaire, mais son isolement en rase campagne ne permettant pas aux élèves vétérinaires de voir suffisamment de malades et de s'initier assez à la pathologie, elle restera uniquement un établissement d'enseignement agricole.

La plupart des laitiers de Constantinople possèdent et exploitent la vache criméenne; on la trouve aussi en Asie Mineure, entre les mains de colons allemands qui s'y sont installés. Il en existe une étable superbe chez M. Pappis, à l'extrémité nord de Péra. J'ai vu un taureau fribourgeois chez un Turc et il m'a été dit qu'on importe parfois des vaches de Suisse. On trouve aussi des bêtes de la race de Damas, à courtes cornes, fort estimées et estimables comme laitières. Indépendamment de celles que j'ai observées dans les écuries impériales, j'en ai vu de fort beaux spécimens chez S. E. Kyamil-pacha, ancien grand vizir, qui fut autrefois gouverneur de Damas.

Les ânes sont assez divers. Celui d'Egypte est très répandu; sa robe est blanc sale ou grise, ses formes arrondies; celui de Rhodes, qui est très beau, est à robe noire sauf le ventre qui est gris, et d'une taille moyenne de 1 m. 13. L'âne nain, forme réduite du précédent, vient aussi de Rhodes; la taille de celui que j'ai mesuré dans les écuries de Kyamil-pacha était de 78 centimètres, son périmètre thoracique de 86 centimètres et sa longueur, de la pointe de l'épaule à la pointe de la fesse, de 81 centimètres.

Les mulets sont plus petits que ceux d'Occident; leur taille ne dépasse pas celle des ânes d'Egypte et de Damas, leurs formes sont moins arrondies et moins harmonieuses. Le train des équipages de l'armée ottomane est remonté par ces petits mulets et par des ânes.

Le fond de la population chevaline de la Turquie d'Europe et de la Turquie d'Asie est le petit cheval valaque ou roumain et bulgare; il est uniformément alezan ou bai. A côté, se trouvent des chevaux importés de Hongrie, d'autres de

Crimée qui sont de haute taille et ressemblent à s'y méprendre à nos anglo-normands On voit à Constantinople de petits chevaux de l'île de Mytilène, dont la taille est plutôt inférieure qu'égale à celle des chevaux de Veglia et de Corse; les pachas les font venir comme monture pour leurs enfants, car ceux-ci sont exercés à l'équitation de très jeune âge, et à la cérémonie du Sélamlik, j'ai pu constater qu'ils se tirent suffisamment d'affaire. Enfin, il faut citer les chevaux arabes.

La ferrure à la turque, avec fer formant plaque sous le pied, n'est presque plus usitée à Constantinople, elle perd de plus en plus de terrain devant la ferrure française ordinaire. Les quelques chevaux que j'ai vus encore ferrés à la turque avaient été récemment amenés d'Asie ou de Roumélie et n'avaient pas fini d'user leurs fers primitifs.

La collection de chevaux des écuries impériales mérite une description spéciale.

VIII. — Une visite aux écuries de S. M. I. ottomane.

Dès mon arrivée à Constantinople, je fis le nécessaire pour pouvoir visiter les écuries impériales. Je savais déjà que l'une des préoccupations du sultan Abdhul-Hamid se porte vers la régénération de la race chevaline de son empire. J'appris que dans les écuries de son palais d'Yldiz, ainsi que dans le domaine de Kyate-Kane, il y avait des merveilles chevalines à peu près inconnues des zootechnistes occidentaux. Mon désir de les voir de près et de les étudier sur place était donc très grand.

Le vendredi qui précéda ma visite, j'avais assisté à l'imposante cérémonie du Sélamlik et j'avais vu, entre autres choses, défiler deux régiments de cavalerie turque. La beauté de la conformation, l'élégance et le feu des chevaux m'avaient frappé et avivé mon désir.

L'autorisation demandée me fut accordée avec un libéralisme dont j'ai été touché.

Au jour fixé, je me rendis à Yldiz accompagné d'un aimable Lyonnais dont j'ai mis, pendant mon séjour à Constantinople, la grande complaisance à contribution, M. le Dr Margery, médecin du palais. J'ai trouvé en lui un cicérone auquel je dois un public hommage de gratitude.

Nous traversâmes les immenses et superbes jardins de la résidence impériale qui vont s'inclinant vers la mer. En suivant des allées ombreuses, de temps à autre, à des tournants, des échappées au-dessus des pins, des tamarix, des térébinthes et des sumacs nous permettaient de voir miroiter le Bosphore, un peu moutonnant ce jour-là. Des couples de tourterelles des bois et de tourterelles à collier voletaient autour de nous et animaient ce parc silencieux.

Presqu'à l'extrémité nord se trouvent les écuries constituées par d'importants bâtiments et fort bien aménagées. Elles sont réparties en deux groupes qui contenaient ensemble 204 chevaux au moment de ma visite.

Dans l'un de ces groupes, qu'on atteint en longeant une volière où j'ai admiré des poules de l'Inde, de Hérat et de Walikiki, se trouvent 60 chevaux. Ce sont des bêtes de service, destinées surtout aux voitures de la cour; elles appartiennent au type des grands carrossiers de la plaine de Caen, de la Hollande et de l'Allemagne du Nord que le commerce dissémine partout. Nous n'avons pas à décrire ces animaux, puisqu'ils sont importés d'Occident.

L'autre groupe est plus important; il renfermait 144 chevaux. C'est ici que se trouvent de vraies « perles de l'Orient » pour parler un langage métaphorique permis en la circonstance.

Chaque province de l'empire ou des pays de vassalité, en Asie et en Afrique, y est représentée, avec prédominance des sujets de Bagdad, Mossoul, Damas et de la Haute-Egypte.

Malgré la diversité de leur provenance et les variations de leur robe, de leur taille, de leur croupe, de leur crinière, tous ces chevaux ont un caractère commun qui les fait classer, sans hésitation possible dans la même race, l'arabe. Je n'en ai pas vu un seul qui rappelât, par quelque particularité, la race dite barbe ou africaine.

Et ce qui m'a donné à réfléchir, c'est que j'ai fait la même constatation hors des écuries impériales. Partout où je me suis rendu et où j'ai observé, aux voitures de place, aux attelages privés, à la cavalerie, je n'ai vu que des arabes, et quelques chevaux européens. Est-ce que la race barbe aurait disparu si complètement de la Tripolitaine et de l'Egypte qu'aucun spécimen n'en arrive plus à la capitale de l'empire ottoman et qu'on n'en trouve pas de traces même sur des métis?

Quoi qu'il en soit, tous les animaux examinés ont la même tête large à la partie frontale, le front plat, la face fine, l'œil grand et plus qu'à fleur de tête, un peu proéminent. Le regard est à la fois vif et doux; de sorte que, par sa tête seule, le cheval arabe produit une impression d'élégance et de douceur qu'on n'oublie plus quand on l'a perçue. Un coup d'œil jeté sur la figure ci-jointe qui représente la tête de *Gazelle*, magnifique jument arabe-keheilan, donne une idée de cette impression (fig. 2).

La majeure partie des étalons arabes du palais d'Yldiz est gris pommelé, le reste est alezan ou bai; quelques-uns sont noirs. La moyenne de la taille est 1^{m}50. La crinière n'est pas très fournie; la queue est longue et touche terre. 95 pour 100 des chevaux examinés ont les crins lisses quoique doux, 5 pour 100 les ont plus ou moins ondulés. Les membres sont

FIG. 2. — Tête de *Gazelle*, jument arabe-kehelan

(Écuries de S. M. le sultan Abdul-Hamid).

très secs, très beaux et porteurs de châtaignes que j'ai été surpris de trouver si développées. La croupe est de conformation variable; à peu près droite dans la majorité des sujets, elle s'incline plus ou moins chez quelques-uns; sa partie centrale, qui correspond aux vertèbres sacro-coccygiennes, est toujours relevée tandis que de chaque côté elle s'abaisse en pupitre.

Tous ces animaux sont très doux, très dociles. Quelques-uns sont entravés d'un pied postérieur, pour éviter qu'ils se déplacent, se grattent la queue et en détériorent les crins; la méchanceté n'y est pour rien.

Ils sont répartis dans les quatre sous-races ou tribus qui suivent :

1° *Kehcilan* ou *Kehcilan-Chammari*, population chevaline de la Mésopotamie, qui se trouve entre les mains des arabes Chammars. Sa robe est noire et elle possède un très grand cachet de distinction. La jument *Gazelle* dont il a été question plus haut en est le type.

2° *Saklamy*, originaire du désert de Syrie où elle est en la possession des arabes Annésins. Sa taille moyenne est de 1m52; sa robe grise vire rapidement au blanc.

3° *Khorassan*, originaire de l'Irack, avec une moyenne de taille de 1m50.

4° *Tekké* ou *Turkmen* dont le centre de production est la région de Merv. La robe est noire ou alezane, et la conformation très bonne. Ces chevaux subissent dans leur pays d'origine l'épilation de la crinière et ils se présentent dépourvus de cet appendice que nous regardons, d'après nos idées sur la beauté chevaline, comme un ornement. Ils sont donc faciles à reconnaître même par les personnes les plus étrangères aux choses de l'hippologie. Ils n'ont nullement la tête moutonnée, comme cela a été écrit quelque part (fig. 3).

Avant de quitter le palais, nous avons visité l'étable et vu des bêtes bovines de Damas, d'Anatolie, de Crimée et aussi de Suède.

Une seconde excursion nous amena à la ferme impériale de Kyate-Kane. Des hauteurs de Péra une route bien entretenue y conduit en décrivant des lacets, car la pente est assez raide. Cette ferme est dans une belle situation; assise dans la vallée qui fait suite à la Corne d'Or, elle a les pâturages nécessaires à l'élevage et le terrain pour le dressage. Ecuries, manège, enclos, paddoks, tout est dû aux indications d'Ized-Pacha, grand écuyer de Sa Majesté, et fort bien compris.

Nous sommes reçus par Mohammed-Effendi, directeur de l'élevage; il est arabe et comme beaucoup de ses compatriotes, passionné pour le cheval. Il se révèle à nous véritable connaisseur et observateur; il connaît individuellement chacun des reproducteurs et aucune de nos questions ne reste sans une réponse nette et précise.

Kyate-Kane renfermait 540 bêtes chevalines dont 60 juments poulinières. La grosse majorité de cette population est de race arabe et appartient aux sous races précitées, sauf à la tekké dont nous n'avons pas vu de représentants ici. Nous y avons aussi rencontré une jument huzzulen et son poulain, une bête indienne, ponette de 1^m15, sous poil gris-vineux et bien doublée, quelques hongroises, des métisses arabo-hongroises, s'il est permis de les appeler métisses, et quelques normandes. Ces hongroises et ces normandes, en petit nombre d'ailleurs, étaient éclipsées par les arabes.

Voir un cheval au repos n'en permet pas l'appréciation intégrale, il faut compléter l'examen en l'observant en action. Mohammed Effendi a eu l'obligeance de faire passer les poulinières des écuries dans un vaste parc, moitié en terrain plan, moitié en coteau où elles se sont mises à galoper d'abord dans toutes les directions, en s'éparpillant, se croisant, se poursuivant, puis se mettant à la file. C'était un

FIG. 4. — Cheval roumain.
(D'après une photographie de M. Vasilescu).

FIG. 5. — Poney de l'île de Mytilène.

spectacle de toute beauté que celui de ces juments qui, la crinière et la queue flottantes, galopaient avec une aisance extrême. Leur croupe paraissait immobile, tandis que le membre antérieur était projeté en avant d'un mouvement ample et plein de grâce. Aux descentes le pied était d'une sûreté étonnante.

Pendant qu'elles défilaient sous nos yeux émerveillés, Mohammed-Effendi nous donnait des renseignements sur chacune. Il nous en faisait remarquer une âgée de trente ans et encore fort bien conservée; elle avait donné son dernier poulain à l'âge de vingt-sept ans. A Kyate-Kane, il y a environ chaque année 60 pour 100 de juments fécondées, un peu plus si l'hiver est très doux et la végétation abondante, un peu moins dans le cas contraire. La dilatation du col est couramment employée pour combattre la stérilité. La durée de la gestation oscille de onze mois six jours à onze mois onze jours; quand un mâle doit naître, la gestation se prolonge de deux à trois jours, en comparaison de ce qui se passe si le produit est une femelle. L'allaitement dure six mois, puis après le sevrage le régime est soigné, car il n'a pas échappé à Mohammed-Effendi qu'on élève la taille moyenne des chevaux arabes par une alimentation abondante et substantielle.

Nous allons ensuite au manège puis sur la piste. Une douzaine de petits boys turcs, vraiment coquets avec leurs bottes à l'écuyère et le fez qui les coiffe, exécutent les exercices équestres habituels. L'écuyer qui les dirige est un maître ; ses élèves ont bien profité de ses leçons et ils sont admirablement dressés; cela promet d'excellents cavaliers pour l'armée turque.

Notre excursion s'est terminée par une visite aux étables et aux troupeaux. Dans les étables se trouvent quelques raretés, notamment le zébu nain du Japon, dont le poids ne dépasse pas 100 kilogrammes, et l'Yack nain de Chine. Dans les troupeaux nous avons admiré particulièrement de belles chèvres d'Angora, toutes blanches et au poil tirebouchonné, des chèvres maltaises, à la robe rousse et excellentes laitières.

Nous sommes rentrés à Constantinople très satisfaits des beaux spécimens d'animaux que nous avons vus et frappés de l'excellente direction imprimée aux services du domaine de Kyale-Kane.

IX. — Les races chevalines et les institutions hippiques de l'Europe centrale et orientale.

La coordination des matériaux relatifs à chaque espèce domestique rendra le voyage effectué plus fructueux et permettra de tirer plus facilement les conclusions qu'ils comportent au point de vue économique.

Dans tout l'espace parcouru, de la frontière helvéto-autrichienne à la russe d'une part, des Carpathes à la Méditerranée d'autre part, il n'y a qu'une région peu étendue qui produise le cheval de gros trait; elle part du duché de Salzbourg pour se terminer à la Croatie.

Le pays de Salzbourg possède la race chevaline de Pinzgau. Elle est de type trapu, à croupe double, d'une taille de 1 m. 56 en moyenne, avec une tête fine pour le tronc et bien expressive. La nuance dominante de sa robe est le bai.

En Styrie et en Croatie, se trouve le cheval Murinselaner qui reproduit le grand carossier ou, si l'on préfère, qui est un anglo normand grossi; sa taille va à 1 m. 70.

Partout ailleurs existent des chevaux de monture et de trait léger. Le fond de la population chevaline de l'Europe centrale et orientale est constitué par un cheval qu'on retrouve encore en Roumélie, en Valachie, en Moldavie, en Serbie,

Fig. 4. — Cheval roumain.
(D'après une photographie de M. Vasilescu).

Fig. 5. — Poney de l'île de Mytilène.

en Bulgarie et même en Hongrie, tel qu'il fut aux siècles passés (fig. 4).

Les hippologues hongrois ont fixé les traits de ce cheval qui, depuis la création des haras et les améliorations culturales, s'est modifié dans plusieurs régions.

Sa taille, au-dessous de la moyenne, ne dépasse guère 1 m. 35; son type est assez allongé et le parait encore davantage parce que les sujets sont souvent maigres. La tête a du cachet avec le front large et les yeux bien ouverts, mais sur beaucoup d'individus le chanfrein est un peu long et un peu busqué. Encolure assez longue, surmontée d'une crinière suffisamment longue mais peu touffue. Poitrail et poitrine de proportion moyenne. Ligne dorso-lombaire bien soutenue, croupe tombante, très inclinée chez beaucoup de chevaux avec des hanches saillantes. La queue est garnie de crins assez longs, droits, mais non très abondants. L'épaule est longue et oblique; les autres rayons des membres, bien que fins, présentent la musculature en relief avec de bonnes articulations. Le sabot est à corne excellente. Les tares dures ou molles sont rares. Les nuances dominantes de la robe sont le bai et l'alezan, le plus souvent avec balzanes. Les plus petits de ces chevaux ont une grande ressemblance avec les sardes.

En Hongrie, on ne repousse pas systématiquement la croupe inclinée; on la préfère même pour les chevaux destinés à galoper parce que, dit-on, ils portent mieux le membre postérieur en avant.

Cette population primitive a été modifiée par l'action des haras autrichiens, hongrois, roumains et turcs. Le sang arabe, anglais, andalou, anglo-arabe, anglo-normand a été infusé dans ses veines par les Gidrans, les Nonius, les Lippitzans, les Furioso-nordstar, pour en faire des types répondant à la conformation demandée par les étrangers acheteurs.

Au milieu de la population autochtone hongroise, primitive

ou améliorée comme il vient d'être indiqué, se trouve une proportion élevée de chevaux à chanfrein busqué. J'en ai trouvé un peu partout, mais surtout du côté d'Arad. Je prévois qu'il va m'être dit qu'une telle disposition de la face est due à l'action des Nonius de Mézohegyès qui, en leur qualité d'anglo-normands, ont pu la transmettre. Mais la proportion en est trop grande pour que *seuls* ils me semblent avoir pu la produire, d'autant que ce n'eût été que par atavisme puisque la plupart des étalons n'ont pas cette conformation. On y pourra ajouter la possibilité d'importations faites par les Allemands établis dans certains villages, cela me paraîtra encore insuffisant.

Avant l'implantation du cheval hongrois primitif, n'y avait-il pas déjà dans la contrée une race chevaline à chanfrein busqué, soit autochtone, soit amenée par des peuples du Sud? Deux ordres de raisons me le font penser. D'abord la race chevaline à tête busquée, que nous appelons normande, n'est nullement originaire des pays du Nord et il n'est pas besoin d'une grande érudition pour savoir que, lors de l'invasion et de l'occupation de la Neustrie, les Normands envahisseurs n'amenèrent avec eux aucun cheval; c'étaient des marins et des marcheurs, ils ignoraient l'art de « chevalchier », tout comme les Saxons, les Danois et les Francs. Puis le climat septentrional n'est pas propice à la création d'une race svelte et relativement fine comme le fut la normande, il n'affine pas, il épaissit. Ajouterai je que, dans l'esprit de ceux qui voient dans le milieu un agent de modifications s'exerçant parallèlement sur des espèces animales vivant côte à côte, un rapprochement s'établira entre le mouton asiatico-africain à chanfrein busqué et le cheval normand, et ils soupçonneront que les deux espèces ont pu évoluer parallèlement en Asie ou en Afrique.

Autre raison. En examinant des dessins (fig. 6) faits

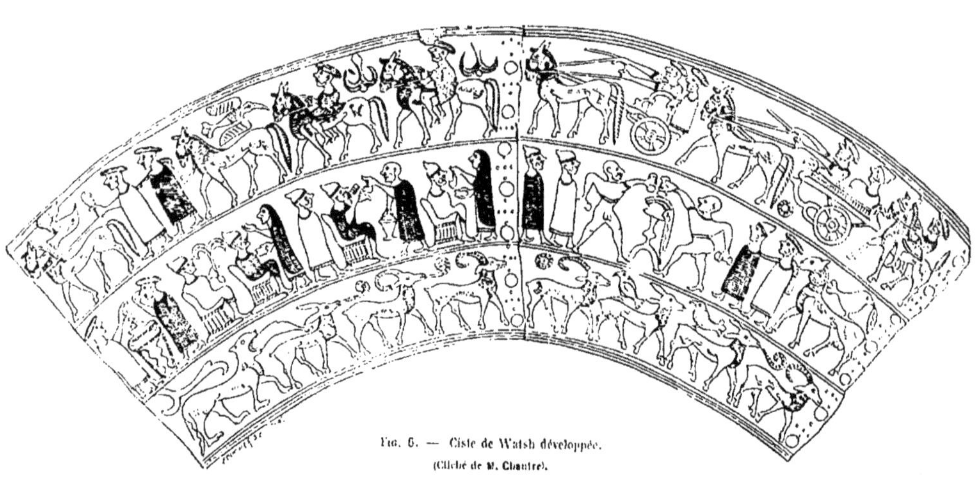

FIG. 6. — Ciste de Watsh développée.
(Cliché de M. Chantre).

d'après des cistes provenant de la nécropole de Watsh (Autriche), qui appartient à la période hallstattienne, j'ai été frappé de voir que tous les chevaux qui y sont représentés ont le chanfrein très busqué et les reins longs. Si, comme on l'admet, Watsh a été peuplée par des Orientaux de même rameau que ceux qui ont édifié les nécropoles du Caucase, il en faut inférer que la race chevaline dite normande vient de l'Orient et qu'elle a été transportée d'abord dans le centre puis dans le nord de l'Europe par les peuples importateurs du bronze.

A côté du cheval hongrois, vit dans la région montagneuse des Carpathes, en Galicie, en Transylvanie et dans la partie septentrionale de l'ancienne Valachie, un petit cheval de montagne qu'on appelle huzzulen. Il fut plus commun autrefois qu'aujourd'hui où on le croise spécialement avec le lippitzan pour le grandir.

C'est purement et simplement un représentant de la race des poneys importé d'Asie et conservé dans l'isolement des Carpathes et aussi dans la Dobrodja. Je ne crois pas me tromper en lui appliquant le passage suivant d'Hérodote : « Toute la région au delà de l'Ister est habitée par une peuplade qu'on nomme les Sigynnes, faisant usage du costume médique. Leurs chevaux sont couverts, sur tout le corps, de crins dont la longueur est de cinq travers de doigts. Ces chevaux sont de petite taille, camus et incapables de porter des hommes. Attelés à un char, leur rapidité est extrême ; aussi les Sigynnes sont ils tous conducteurs de chars. On les dit émigrés des Mèdes ». Les Sigynnes d'Hérodote sont vraisemblablement la souche des Tsiganes actuels, et leurs chevaux les ancêtres des huzzulen d'aujourd'hui Ce sont des animaux de 1 m. 25 de taille, de robe noire généralement, de conformation harmonique et dont le chanfrein camus est caractéristique Dans la Dobrodja, on les appelle *Muschet*.

Ce même poney n'est pas rare à Constantinople; j'ai dit que les pachas l'achètent pour leurs enfants et qu'ils le font venir de l'île de Mytilène. En raison de son origine insulaire, sa taille s'est encore abaissée; elle est tombée à une moyenne de 1 m. 10, avec même longueur de la pointe de l'épaule à la pointe de la fesse et un pourtour thoracique, au passage des sangles, de 1 m. 29. Il est extrêmement poilu; sa queue très fournie balaie le sol; son pelage est bai foncé ou noir (fig. 5).

Il est clair, par tout ce qui précède, que l'Europe centrale et orientale ne produit pas le cheval de gros trait et nous avons vu plus haut que ce cheval ne s'y perpétue pas avec ses caractères. D'où la conclusion qu'il y a là un débouché pour les races de gros trait de l'Europe occidentale. C'est ce que le syndicat agricole du Boulonnais a bien compris, car une première exportation de chevaux boulonnais y a été faite cette année par ses soins (1).

Le nombre des chevaux de trait léger n'est pas suffisant non plus. La Russie est la grande pourvoyeuse en carossiers par ses trotteurs d'Orloff, en chevaux d'artillerie par ses voronèges, en chevaux de gendarmes et de cavalerie de ligne par ses criméens.

Mais de ce qui vient d'être dit, il résulte que l'Europe centrale et orientale est très riche en chevaux de selle. Parmi les nations qui la composent, la Hongrie se place au premier rang. Elle possède 1.748.859 chevaux, soit 6,3 par kilomètre carré, et 129 pour 1000 habitants. La France n'en a que 5,4 par kilomètre carré et 66 pour 1000 habitants. Elle contribue à remonter la cavalerie de tous ses voisins. En effet, les hommes qui connaissent le mieux la question estiment que 78 pour 100 des chevaux hongrois sont aptes au service de l'armée. Ces animaux se répartissent comme suit :

(1) Communication personnelle de M. Farne, secrétaire du Syndicat.

45 pour 100 aptes à la cavalerie.
33 — à l'artillerie et aux attelages.

Voilà une source abondante à laquelle nous avons puisé nous-mêmes il y a quelques années.

Les Hongrois sont des maîtres dans la production, l'élevage et le dressage du cheval; de par leur origine asiatique, ils sont naturellement hommes de cheval. Tous connaissent le manuel opératoire de la castration, et chaque éleveur pratique lui-même cette opération sur ses animaux. Au lieu d'avoir les yeux uniquement tournés du côté de l'Angleterre, nous gagnerions à nous pénétrer davantage des pratiques hippiques hongroises.

Si l'industrie chevaline est florissante en Hongrie, elle a trouvé dans l'intervention gouvernementale un puissant auxiliaire. Après son union à l'Autriche, le royaume de Hongrie a créé quatre grands haras, ceux de Babolna, de Kisber, de Mézöhégyès et de Fogaras. Nous avons parlé déjà des sortes de chevaux entretenus dans les deux derniers.

Fondé quatre ans après celui de Mézöhégyès, le haras de Babolna reçut des juments hongroises pures, des bessarabiennes et des transylvaines avec des étalons arabes. Depuis on y a introduit des juments arabes, elles forment environ le quart des effectifs. Les étalons ont été recrutés invariablement dans la race arabe.

Le haras de Kisber ne date que de 1854. Il renferme des étalons et des juments de pur sang anglais et des poulinières de demi sang. C'est afin de donner satisfaction aux demandes de chevaux supérieurs en taille à ceux qu'on possédait en Hongrie que les opérations de Kisber ont été dirigées vers le Thoroughbred.

En résumé, les haras nationaux de Hongrie renfermaient, à mon passage, 2811 étalons, dont le plus grand nombre, le moment venu, est disséminé dans les stations. Mais l'administration en loue aussi à des particuliers, moyennant une redevance qui varie de 300 à 600 florins, pour la saison de la monte ; 247 étalons ont été ainsi loués l'an dernier. C'est encore un moyen pour l'Administration de propager les bons reproducteurs.

L'industrie étalonnière privée existe à côté de la précédente, et les propriétaires possédaient 14.704 étalons en 1894.

L'Administration des haras hongrois n'est nullement dogmatique. Elle ne cherche jamais, ainsi que cela se voit presque partout chez nous, à lutter contre le milieu naturel; elle s'efforce au contraire d'adapter toujours la race au milieu, de façon à bénéficier de l'action de celui-ci pour l'amélioration de celle-là. Elle a pour règle de n'entreprendre aucune modification dans l'élevage du cheval sans avoir, au préalable, pris l'avis des éleveurs. A cet effet, tous les deux ans, elle provoque à Budapest un Congrès hippique formé de tous les présidents des Comices d'élevage des comitats, dont on recueille le sentiment. Il y aurait là un exemple à suivre en France où, jusqu'à présent, l'Administration des haras n'a demandé conseil à personne et l'a toujours pris de très haut avec les éleveurs.

Il existe trois grands haras en Autriche : deux sont la propriété particulière de la famille impériale, celui de Kladrub, où l'on entretient des demi-sang, et celui de Lippitza, en Illyrie, peuplé d'andalous ; un est national, il est installé à Radautz, en Bukowine. A côté, beaucoup d'étalons appartiennent à des propriétaires.

En Roumanie, il existe un haras national ; lors de ma visite il était installé à Nucet; depuis il a été transféré à Cizlau. On y est encore dans la période des tâtonnements ; on a introduit des étalons de très grand prix, dont quelques-uns achetés en France. A mon sentiment, on a eu tort de débuter par le Thoroughbred, l'arabe me semblait mieux indiqué.

Le règlement des haras roumains comporte certaines dispositions bonnes à connaître.

L'article 7 dit :

Les juments des Calaraji (cavalerie territoriale) seront préférées à la monte avant toutes les autres, mais seulement dans une proportion qui ne devra pas dépasser 25 pour 100 de l'effectif de l'escadron.

Comme le but des haras de l'État est la production du cheval de guerre, en principe l'emploi des étalons nationaux est gratuit (art. 10) ; mais les propriétaires qui ne présentent pas leurs poulains à la Commission de remonte doivent payer un prix fixé par un tarif spécial, car (art. 26) :

Aucun éleveur n'a l'autorisation de vendre à un particulier les poulains issus des étalons de l'État avant qu'ils aient été soumis à la Commission de remonte qui certifiera, s'il y a lieu, qu'ils sont inaptes au service réclamé.

L'article 27 est plus explicite, et son application ne serait peut-être pas inutile chez nous; en voici la teneur :

Le propriétaire ou le fermier possédant dix à quinze juments aptes à la reproduction a le droit d'avoir à sa disposition pendant un mois, à l'époque de la monte, un étalon du dépôt de sa circonscription, sans aucun frais autre que l'entretien réglementaire de l'étalon.

Voici enfin un article qui prouve la largeur de vues avec laquelle on traite en Roumanie les questions d'organisation, en envisageant exclusivement le bien public et le bénéfice général à obtenir, sans préoccupation étroite de personnes.

Art. 29. — Le ministère est autorisé à passer contrat, pour l'organisation de ses haras, avec une personne même étrangère ayant des connaissances spéciales et pouvant apporter l'expérience acquise par les autres pays.

Je profite de l'occasion pour dire que dans tout le cours de mon voyage, j'ai constaté qu'à l'étranger on cherche avant tout à s'entourer d'hommes spéciaux, capables de faire bénéficier le pays qui les appelle et les paie, de leur méthode et de leur savoir, sans se préoccuper plus qu'il ne convient de leur nationalité.

En Turquie, en raison de la forme gouvernementale d'une part, et du goût personnel du Sultan actuel d'autre part, l'action individuelle du souverain se fait directement sentir dans la production du cheval. Abdul-Hamid s'occupe beaucoup de relever et de conserver la belle race chevaline arabe. J'ai déjà parlé des chevaux que renferment les écuries du palais d'Ildiz et de la ferme de Kyate Kane. Il a créé une administration des haras ; un établissement a été installé à Tchifteler, près Eski-Chehir. Il est peuplé d'étalons arabes et hongrois et de juments de même race.

X. — Le Buffle.

La question du buffle est mal connue dans l'Europe occidentale et septentrionale, non seulement parce que cet animal ne s'y trouve pas, mais aussi et peut-être surtout parce qu'il a été apprécié d'une façon dédaigneuse et erronée par des personnes qui ne l'ont pas étudié sur place. Elles l'ont systématiquement présenté comme inférieur au bœuf, au lieu de l'envisager comme un produit parallèle ayant sa raison d'être et supérieur à celui-ci dans certains milieux plus nombreux qu'on ne le pense. Et pourtant, même en dissertant dans le cabinet, l'étendue considérable de terrain qu'il occupe eût dû conduire à une autre appréciation. Je ne parle pas du groupe des Bubales en général, je n'envisage que les deux espèces domestiques, l'arni et le buffle commun. Rappellerai je, par exemple, le rôle qu'il joue dans les grandes iles de la Malaisie, et qu'à Sumatra, il y a un pays, celui des Menang-Kerban, surnommé le « royaume du buffle vainqueur », que les Malais regardent comme la terre sacrée et le lieu d'origine de leur race? Ai je besoin de dire qu'en Asie méridionale, depuis la pointe de la presqu'île de Malacca jusqu'aux échelles du Levant, il est l'animal agricole et moteur par excellence; qu'il en est de même dans l'Afrique orientale ainsi que dans les iles de l'Archipel indien et qu'on le rencontre jusqu'en Tunisie? On le trouve également dans toute l'Europe méridionale, de la Crimée aux côtes de l Italie du sud, et dans l'Europe centrale il monte jusqu'au 47e degré de latitude nord. Partout il s'est maintenu et se maintient dans ses positions, sauf dans nos colonies nord-africaines où il a été momentanément délaissé, mais où il se pourrait qu'il revînt plus tôt qu'on ne le pense pour des raisons qui vont se dégager des faits qui suivent.

Comme travailleur, le buffle est très supérieur au bœuf; sa force est beaucoup plus grande et j'ai recueilli à ce sujet, en Hongrie, des faits de démarrage de charge vraiment étonnants. Son allure est plus vive, il fait des sauts de 2 à 3 mètres, d'où une supériorité très évidente, surtout dans les opérations de labourage où le bœuf va d'une allure désespérément lente. Sur les routes, attelé à un char pesamment chargé, il dépasse le bœuf et le laisse loin derrière.

La bufflesse n'est pas aussi laitière que la vache du centre, de l'ouest et du nord de l'Europe, elle l'est autant et plus que celle du midi. J'ai pu suivre très exactement cette question à l'établissement de Csarkany (Transylvanie, où j'en ai vu une centaine d'alignées à l'étable et dont le rendement journalier de chacune est noté. Il y est en moyenne de 1350 litres, avec un minimum de 1281 litres et un maximum de 1583. Après la parturition, la bufflesse donne 6 à 7 litres.

J'ai consommé de ce lait chaud au sortir du pis; je n'ai pris que celui là après ébullition, sous forme de soupe et de café, pendant tout mon séjour en Transylvanie, je n'ai pas perçu l'odeur du musc dont il a été parlé, ni aucune saveur spéciale et désagréable. Il est très riche en beurre et, pour cela, plus recherché et payé plus cher que celui de vache. On le vendait 9 kreutzers le litre, à Fogaras, lors de mon passage tandis que celui de vache n'en valait que 7. Cette différence se maintient après la transformation en fromage; les prix respectifs du kilogramme de fromage vendu par les établissements de Fogaras étaient les suivants :

Fromage de brebis . . .	50	kreutzers	le	kilogramme.
— vache . . .	60	—		—
— bufflesse. . .	80	—		—

Ce qui fait ressortir le litre de lait de bufflesse à 8 kreutzers, tandis que celui de vache ne rapporte que 5 kreutzers 1/4 et celui de brebis 4 kreutzers 1/2.

La majoration du prix du fromage de bufflesse tient à sa richesse en matière grasse. J'en ai vu toujours effectuer la coagulation avec de la presure de provenance bovine.

La crème et le beurre sont blancs; on fabrique peu de celui-ci à cause de cette absence de coloration et aussi parce qu'il a une odeur particulière; mais c'est encore une affaire de goût, puisque j'en ai vu la vente courante à Bucharest et des personnes rechercher cette odeur. Je l'ai trouvé bon.

La bufflesse porte 350 jours quand elle met bas une femelle et 355 si c'est un mâle (comte de la Motte). Le buffletin pèse 25 à 27 kilogrammes à sa naissance. Les accouchements gémellaires sont rares, on en voit pourtant. Dans ce cas, les petits sont généralement blancs ou tout au moins l'un deux; ces albinos sont stériles. Cette particularité de la stérilité d'un produit issu d'une mise-bas multiple rappelle ce qui se passe dans l'espèce bovine.

La croissance du buffle est plus lente que celle du bœuf, mais elle se prolonge davantage; elle ne se termine qu'à six ans tandis que celle du bœuf s'arrête à cinq. A trois ans, le mâle pèse en moyenne 450 kilogrammes et la femelle 400 kilogrammes pour arriver à des chiffres bien supérieurs à six ans.

Le buffle est très précieux par sa sobriété et sa puissance de digestion. Est-il entretenu dans des terrains marécageux, il se plonge dans l'eau et la vase avec plaisir et fait sa nourriture des grands roseaux, des typha, des carex que les bœufs repoussent ou n'utilisent qu'à grand'peine et à la dernière extrémité. Vit il dans la brousse ou sous bois, il se nourrit de ramilles, comme la chèvre, et trouve à manger où le bœuf ne peut subsister. Les plantes vénéneuses ont peu d'action sur lui et, en Roumanie, on lui fait consommer impunément les graines de la nielle des blés.

De toute cette nourriture de second ordre, il tire le meilleur parti et il devient gras naturellement, sans préparation spéciale. Plus il fait chaud, mieux il s'engraisse. A l'abatage, il donne une graisse plus blanche et une viande plus foncée que celle du bœuf, l'opposition est double et bien marquée. J'ai vu faire la vente de cette viande couramment à Bucharest et ailleurs, mais les renseignements que j'ai obtenus sur sa qualité sont contradictoires. Il est des pays où il règne à son endroit un préjugé, comme à l'égard de celle du lapin ou du cheval, et d'autres où elle est consommée sur le même pied que celle du bœuf. La peau et les cornes se vendent très bien.

Le buffle est d'une résistance remarquable aux maladies. La malaria, encore mal connue, qui enlève l'espèce bovine dans les pays marécageux, ne le décime pas ; il est réfractaire au charbon symptomatique, ce fléau de l'élevage du bœuf ; la fièvre aphteuse ou cocotte est généralement bénigne pour lui et n'amène ni l'amaigrissement, ni les boiteries interminables du bœuf. Les insectes, qui tourmentent tant celui-ci dans les prairies marécageuses, ont peu de prise sur lui et ne le font nullement maigrir. En revanche, il est atteint d'une affection spéciale, infectieuse, assez meurtrière, appelée *Barbone*, qui heureusement ne revient visiter le même troupeau que tous les trois ans, chaque attaque communiquant une immunité de cette durée.

On a beaucoup parlé du caractère farouche du buffle; je n'ai pas remarqué qu'il en fût ainsi, il semble rechercher les caresses. Dans certains quartiers de Bucharest et de Constantinople où des buffles attelés à des chars étaient couchés dans la rue, je vis des enfants les enjamber, les chevaucher, leur tirer les oreilles et leur faire les plaisanteries dont sont coutumiers les gamins de tous les temps et de tous les pays, sans que la placidité naturelle de ces animaux en fût troublée. Le reproche grave et mérité qu'ils encourent est leur goût prononcé pour l'eau, dans la saison des chaleurs; afin de le satisfaire, ils entraînent parfois char et chargement dans la mare où ils vont se vautrer. Ils ne recherchent pas l'eau dans la saison des pluies et des froids.

On comprend maintenant pourquoi je soutiens que le buffle est un animal domestique précieux, qui doit occuper le terrain là où le bœuf vit mal ou reste de taille trop exiguë pour être capable d'exécuter les travaux agricoles et autres et surtout les défrichements. Son entretien, dans ces ces situations, sera plus fructueux que celui des bœufs des grandes races occidentales qu'on y introduit avec des frais élevés et qui ne donnent que des déboires parce que leur acclimatation se fait mal et qu'au bout de peu de générations, ils tombent à la taille du bétail indigène. L'influence du milieu est aussi fatale que puissante. C'est pour avoir oublié trop souvent ces vérités zootechniques que tant de désastres financiers ont été, dans nos colonies, la conclusion d'importations de bêtes charolaises, limousines, franc-comtoises, normandes, qui n'ont pu vivre là où le buffle se perpétue sans grands soins

XI. — Les races bovines. — Efforts améliorateurs.

Comme j'ai silhouetté, à propos de l'Exposition laitière de Vienne, les diverses races bovines du rameau brun et du rameau tacheté qui peuplent les régions alpines et jurassiques, en y ajoutant le rameau blond représenté par le Scheinfelder pour le nord et par l'Inthal pour le sud, rameau qui descend dans la Carniole et la Haute Italie, je passe immédiatement à la grande race grise ou race des steppes. Elle occupe presque tout le reste de l'Europe centrale et orientale, mais en subissant d'importantes modifications suivant l'habitat.

Voyons d'abord cette race dans le milieu où elle a pris le plus de développement, dans la puszta hongroise. Pour en avoir une idée exacte, il est indispensable d'examiner séparément le mâle et la femelle, car le dimorphisme sexuel est très marqué.

Le taureau hongrois n'est pas de taille aussi élevée que je le supposais d'après les gravures que j'avais eues en mains, il est plutôt bas sur jambes, mais son tronc est bien développé et de type médioligne, sa tête est courte, surtout dans la partie faciale qui s'étend en largeur. Le mufle est très noir, les oreilles petites, très velues à l'intérieur par présence de poils argentés. Les cornes, grosses et toujours noires à la pointe, sont de longueur démesurée; on a le soin de munir ces armes redoutables, d'une boule métallique à leur extrémité.

Le cou porte beaucoup de fanon ; le garrot, qui dépassait autrefois notablement le dos tandis que la croupe s'avalait, s'est abaissé et celle-ci s'est relevée, de sorte que la ligne du dessus est aujourd'hui complètement droite ; il y a eu un progrès considérable dans la régularisation de ces parties. La queue n'est pas surélevée à son attache, elle est terminée par un toupillon noir très abondamment fourni. La robe est gris clair, avec lunette et cupule. Il y a tendance au pâlissement qu'on combat en choisissant toujours pour l'accouplement les individus les plus foncés.

Le taureau hongrois est tardif pour la reproduction et plus calme, plus froid que le tacheté, mais il reste capable de faire le service de reproducteur jusqu'à dix et douze ans. Il est d'une force incroyable; au haras de Mézöhegyès, on en vit un se précipiter sur un rival, le prendre de flanc et, baissant la tête, le charger sur son cou puis le lancer de l'autre côté d'une barrière haute de 2 mètres.

La vache hongroise a deux caractères communs avec le taureau de sa race : la robe et le développement du cornage. Mais elle est de type nettement longiligne; sa conformation éveille dans l'esprit une similitude avec la vache hollandaise, similitude que confirment la forme de son cou, son peu de fanon, l'attache de sa queue et la petitesse de ses trayons. Son poids moyen est de 600 kilogrammes. Elle n'est pas laitière ; elle allaite son veau pendant six semaines, puis tarit.

Les bœufs ont une haute taille, due surtout au développement des membres qui se sont allongés sous l'influence de la castration. Leur poids vif oscille entre 770 et 560 kilogrammes. Pendant l'engraissement, ils accumulent surtout de la graisse de couverture.

En comparant, dans les abattoirs, la graisse des bœufs de cette race mais de provenance différente, on voit de notables dissemblances dans la coloration. Y a-t-il un rapport entre le degré de pigmentation des poils et celle-ci?

Est-elle plus pâle sur les animaux blancs ou presque blancs et plus foncée sur les animaux gris et bruns? Des observations auraient besoin d'être faites sur ce point.

A la naissance, les veaux sont d'un poids inférieur à celui des sujets de la race tachetée.

Les bœufs des plaines et des vallées serbes, de même type et de cornage proportionnellement aussi développé, ne sont pas aussi lourds; leur poids vif oscille entre 500 et 530 kilogrammes seulement.

En quittant le steppe, la race en question se modifie considérablement. Lorsque de Hongrie on passe en Styrie et en Carinthie, spécialement aux environs de Grœtz, la teinte grise du pelage pâlit davantage, les cornes diminuent et l'on se trouve en présence de bêtes qui rappellent de près nos charolais. On voit des bêtes de même sorte dans les vallées du Danube serbe et bulgare.

Dans toute la partie montagneuse, un autre phénomène se produit. La taille s'abaisse, les formes sont plus trapues, le cornage diminue également, le gris passe au brun ou au fauve, car ici, comme partout ailleurs, les deux teintes sont parallèles. Dans les Balkans, le brun domine; qu'on aille de Roustchouk à Varna ou de Sophia à Nistch, on voit des bœufs gris, ayant pas mal de ressemblance avec nos marchois, avec moins de taille et des cornes plus fortes, mais dans certains endroits, aux environs de Sinaïa et de Varna, il y a beaucoup de ces bêtes qu'il est impossible de distinguer des purs Schwitz, de même que dans les Carpathes transylvaines, les bêtes fauves reproduisent nos tarentaises trait pour trait et qu'ailleurs, étant plus grandes, on les prendrait pour des parthenaises. La taille des petites vaches de montagne oscille de 0,91 à 1m20, avec un périmère de poitrine de 1m50 à 1m66 et une longueur de tronc, de la pointe de l'épaule à l'ischium, de 1m20 à 1m10;

leur poids vif va de 160 kilogrammes à 225, tandis que celui des bœufs oscille de 400 à 600 kilogrammes.

J'ai été très frappé de rencontrer dans les passes des Carpathes, dans la région de Brasso à Prédéal et spécialement aux environs de Sinaïa, des bêtes fauves, sœurs de celles que j'identifie à nos tarentaises et à nos aubracs, avec le cornage spécial, le front concave et les yeux saillants des jersiaises. Elles sont mêlées aux précédentes et n'en sont que des formes. Depuis ma rentrée en France, j'ai fait la même constatation dans notre race tarentaise ; M. Caubet, de la ferme de la Tête d'Or, possède actuellement une génisse, incontestablement de cette race, que les connaisseurs les plus habiles ne manqueraient pas d'identifier à une jersiaise.

En Moldavie, la race grise des steppes est plus forte et plus belle qu'en Valachie et, particularité à noter, elle a été sélectionnée en vue de la production du lait; la vache donne 5 litres de lait après l'accouchement et on en voit, exceptionnellement, qui vont à 10 litres; c'est en partie l'effet d'un climat plus humide. Aussi y confectionne-t-on du fromage de Gruyère et y a-t-on installé une fabrique de fromage de Brie.

En Roumélie et en Asie Mineure (Anatolie) le bœuf est gris foncé, parfois noir, plus souvent fauve. Ses cornes sont très fortes à la base, dirigées en dehors et en haut, à la façon de celle du zébu et peu ou point tordues dans leur longueur. Dans les terrains granitiques d'Anatolie, il est petit et son poids vif ne dépasse pas 400 kilogrammes; c'est le similaire du bœuf corse.

En résumé, l'impression que j'ai ressentie en examinant la race des steppes et en la suivant dans les habitats si divers de l'aire géographique qu'elle occupe, c'est qu'elle est la race première dont toutes les autres dérivent et qu'elle mérite le nom de *Bos primigenius*.

Il est fait journellement des croisements entre elle et le

Simmenthal, le Pinzgaü et le Hollandais ; l'étude des pelages et des conformations qui en résultent est des plus suggestives. J'ai déjà dit que les premiers, qui sont les plus nombreux, produisent des Bouyhads, lesquels rappellent le normand sous tous les rapports ou sont alors pie-jaunâtre comme les simmenthals ou tigrés à la façon des bêtes meusiennes. Quant aux croisements avec le hollandais, le pelage et les formes du hollandais dominent chez les produits, comme je l'ai indiqué.

Ces tentatives sont la preuve des efforts d'amélioration du bétail de l'Europe centrale, surtout en vue de la production du lait. Elles ont été favorisées tout particulièrement en Hongrie où, depuis quatorze ans, un plan élaboré par M. le conseiller ministériel Tormay est en exécution. On a reconnu que, pour la puszta, le bœuf des steppes doit conserver la place qu'il occupe, en raison de sa force, de sa résistance au climat et aux maladies. Dans la partie ouest du royaume où viennent se terminer les Alpes illyriennes, on a introduit le Simmenthal et l'Algau. Ce dernier donnant des résultats moins avantageux que le premier lui cède la place. A l'est, vers la frontière, on a importé le Pinzgaü.

Voici comment l'administration hongroise s'y est prise pour remplir le programme qu'elle s'est tracé. Créant le Crédit agricole, elle livra et continue à livrer aux propriétaires offrant des garanties, aux communes ainsi qu'aux syndicats, les types de taureaux qu'elle juge convenir le mieux au milieu dont il s'agit et qu'elle fait choisir par ses agents, avec paiements à termes échelonnés. L'argent avancé par la caisse ministérielle ne porte pas d'intérêts ; le remboursement doit en être effectué en trois annuités. Pour les communes pauvres, l'Etat abandonne de 20 à 50 pour 100 de la valeur de l'animal ; pour celles qui sont absolument sans ressources, la fourniture du reproducteur est gratuite, mais il reste la propriété de l'Etat et quand son rôle de mâle est terminé, il est vendu à la boucherie pour le compte de l'administration qui en encaisse la valeur.

Ce système, dans son plein fonctionnement, amène à mettre chaque année une moyenne de 1200 taureaux à la disposition des agriculteurs; grâce à lui, il a été créé sur de multiples points du royaume ce qu'on appelle des « pépinières » qui, petit à petit, permettront à l'action administrative de s'effacer. Aujourd'hui, sur un effectif de 4.759.393 bêtes bovines que possède la Hongrie, on en compte 3.819.898 de hongroises, et 939.495 appartenant aux races laitières importées.

Ajoutons que l'industrie laitière est fortement secondée en Hongrie par des encouragements pour l'amélioration des pâturages, par des subsides de la part des communes possédant des revenus ou fournis par des Sociétés alimentaires aux communes pauvres (communication de M. Tormay).

En Roumanie, les questions laitière, beurrière et fromagère sont également l'objet des préoccupations publiques. Le beurre étant encore peu répandu et cher, on s'occupe de remédier à cet état de choses; les fermes royales donnent l'exemple du progrès et j'ai dit les études zootechniques qui se font à l'Ecole d'agriculture de Herestrau.

En Turquie, on ne trouve guère que des beurres dits de « Sibérie » qui ne sont très souvent qu'un mélange de beurre proprement dit en petite proportion avec la graisse extraite de la loupe caudale du mouton d'Asie. Ce mélange n'est pas désagréable au palais, je le veux bien, mais il y a loin de là à l'arome et à la finesse de goût du beurre.

On n'est pas resté inactif non plus dans l'empire ottoman et j'ai à parler de deux races bovines laitières qui y ont été et y sont introduites. L'une vient de Crimée, l'autre de Syrie.

Grâce à l'obligeance de M. Pappis, qui possède une très

Fig. 7. — Vache de Crimée.

Fig. 8. — Vache de Syrie.

belle étable de vaches laitières de Crimée, j'ai pu étudier la race criméenne ; je lui suis reconnaissant de l'empressement qu'il a apporté à m'être utile et agréable. La plupart de ses collègues, les nourrisseurs de Constantinople possèdent des vaches de cette race; j'en ai vu également de beaux spécimens à l'École d'agriculture d'Halkali et les métis criméens indigènes sont communs en Roumélie. On en rencontre aussi en Asie Mineure.

La vache criméenne est de type longiligne, d'une taille allant de 1 m. 35 à 1 m. 48; sa longueur de l'articulation scapulo humérale à l'ischion est de 1 m. 60 et son périmètre thoracique de 1 m. 92. La tête, à face assez longue, porte des cornes de dimensions moyennes, dirigées en dehors, en avant et en haut (fig. 7); le mufle est noir ou cendré; le pelage est rouge avec quelques taches blanches à la tête et sous le sternum ou le ventre; quelques bêtes sont noir mal teint; les tétines ne sont pas très grosses, mais le pis est de bon développement.

Fraiches vêlées, ces vaches donnent de 16 à 17 litres de lait, quantité qu'elles conservent pendant deux à trois mois, puis qui baisse graduellement. Ce lait n'est pas très butyreux, car il en faut 28 litres pour faire 1 kilogramme de beurre.

Aux 36 vaches constituant son étable, M. Pappis distribuait chaque jour :

Foin	200 kilogrammes.	
Farine troisième . . .	100 k.	mélangés, additionnés d'un peu
Biscuit de troupe . . .	100 k.	de sel et trempés en soupe.
Paille brisée et mêlée à du gros son . .	60 k.	

Quand le biscuit fait défaut, il est remplacé par du blé concassé. En mai, M. Pappis fait entrer l'herbe dans la ration et en hiver le tourteau de sésame.

Les bœufs criméens sont de forte taille et de pelage marron ou froment très foncé.

Après avoir examiné très consciencieusement les bêtes criméennes, je les identifie aux flamandes et tout spécialement aux casselloises, dont il ne me paraît pas possible de les distinguer.

Cette population, différente de tout ce qui l'entoure, est-elle autochtone de la Crimée, fille de cette presqu'île dont le climat, rendu brumeux par les deux mers qui la baignent, n'est pas sans analogie avec celui de la Flandre? Y a-t elle été importée? M. Pappis m'a parlé d'une importation qui aurait été faite d'Allemagne en Crimée sous le règne de la grande Catherine. Si le fait est exact, il y a donc un rameau de la race flamande en Allemagne? Dans le cas d'importation, il faut que le climat criméen ait de fortes ressemblances avec celui des Flandres pour qu'il y ait eu conservation si fidèle du type.

A côté de la race criméenne, j'en ai vu une autre, celle de Damas ou de Syrie. Je l'ai étudiée à loisir et fait photographier dans les étables de Kyamil-Pacha qui, ayant été gouverneur de Damas, en a ramené à Constantinople à son retour.

Elle est de type longiligne, de haute taille, de robe rouge, plus foncée aux extrémités, à tête longue, étroite, à mufle noir et à cornes très rudimentaires, droites comme des chevilles et dont la longueur ne dépasse pas 9 centimètres (fig. 8).

Une vache prise comme type de la race m'a donné les résultats suivants :

Taille au garrot	1 m. 53.
Longueur de l'articulation de l'épaule à l'ischion. . . .	1 m. 60.
Pourtour thoracique	1 m. 93.

Pis de bon développement ; tétines de grosseur moyenne ; veines mammaires très grosses et flexueuses. Plusieurs vaches avaient des trayons supplémentaires et toutes avaient les jambes très fines.

Le poids moyen des taureaux est de 750 kilogrammes, celui des vaches de 600 kilogrammes.

Celles ci donnent environ 10 litres de lait après le vêlage; la lactation dure sept mois et n'est plus que de 2 litres dans le dernier mois.

La richesse en beurre du lait des vaches syriennes est appréciée comparativement à celui d'autres races par les chiffres suivants dus aux recherches de M. Pappis.

Pour faire 1 kilogramme de beurre, il faut :

15 à 16 litres de lait de vache de la race indigène grise ou fauve.
20 — — — — de Damas.
28 — — — — de Crimée.

Cette race de Damas est la plus recommandable de l'Orient puisque son rendement est double de celui de la vache grise et son lait seulement 1/5 moins butyreux. J'en ai vu quelques spécimens qui venaient du Delta égyptien où elle est répandue aussi. Il en existe en Mésopotamie une branche, de taille plus petite mais de forme élégante, on l'appelle Nedjd.

La mesure de capacité pour la vente du lait à Constantinople est l'ocque, dont le contenu pèse en moyenne 1280 grammes. L'ocque se vend habituellement 50 centimes en été, 60 en hiver, et monte à 70 quand on ne fournit que le lait de la même vache.

La stérilisation du lait n'est pas inusitée dans la capitale ottomane ; j'ai vu un appareil à ce destiné dans la laiterie Pappis. Elle est utile surtout pour le lait qui doit être distribué dans les villas éparses dans la campagne et qui, sous le soleil d'Orient, fermente rapidement.

XII. — Les races ovines et caprines. La production de la laine et du lait. Orientation de l'élevage du mouton.

La production ovine n'est pas en accroissement dans l'Europe centrale, pas plus que dans le nord et l'occident, et elle subit une évolution qui doit être mise en relief.

On trouve en Hongrie trois sortes de moutons qui sont désignés respectivement sous les noms de mouton à laine, mouton à viande et mouton à lait. Le premier appartient à la race mérinos, et d'après des renseignements recueillis sur place, il y existait avant qu'on ne l'introduisit en France et en Allemagne. Il occupe la partie ouest de la Hongrie et la rive droite du Danube. Les moutons à viande, encore dits à laine longue, sont des métis anglais; ils ne se trouvent que dans les terres alluvionnaires des rives de la Theiss.

Les brebis à lait appartiennent à la race à longues cornes, qu'on voit aussi en Bosnie, Herzégovine, Monténégro, au Caucase et dans l'île de Crète. Les béliers sont généralement gris et les brebis blanches; on trouve aussi des sujets noirs et des roux. La toison est ouverte, à mèche longue, ondulée; pas de laine aux membres à partir d'un travers de main au-dessus du genou et du jarret; face et membres tachetés, quelquefois entièrement bruns. Oreilles petites, implantées perpendiculairement à la tête. Chanfrein droit chez la brebis, simplement moutonné chez le bélier. Les cornes, de grand développement, un peu aplaties d'un côté à l'autre, se dirigent ou perpendiculairement à la tête ou en avant, mais en se tenant toujours très écartées des joues. Les bergers leur donnent toutes sortes de directions et les tirebouchonnent admirablement. La queue est assez longue, bien garnie de laine. La taille des béliers est élevée; celle des brebis et des moutons est à peu près celle des moutons du bassin de la Loire.

En Transylvanie, on trouve une population ovine qui ne me paraît être qu'une sous-race de la précédente et qu'on désigne sous le nom de Ratzka. Elle comporte une famille non cornue, qui est de haute taille et dont la laine est plus longue que dans le type; mais la majorité est à cornes longues, dirigées en dehors, perpendiculairement à la tête, travaillées aussi assez souvent par les bergers. La taille en est forte et le poids vif oscille de 50 à 70 kilogrammes; la viande passe pour être d'excellente qualité. La toison, assez garnie puisqu'il y a de la laine sous le ventre, sur le front, et qu'elle descend assez bas sur les jambes, pèse en moyenne 3 kg. 500. Autour des yeux se trouve une tache noire formant lunette qu'on perpétue comme une caractéristique de la tribu; il y a également de la pigmentation à l'extrémité des oreilles et au bout du nez, mais on recherche les membres non pigmentés. La brebis est bonne laitière et donne un demi-litre de lait par jour.

Enchevêtrée à la précédente, se trouve la race tzigaïa, dont la caractéristique ethnique est la brièveté de la queue. Vraisemblablement d'origine asiatique, elle ne cesse d'avancer en Europe, vers l'ouest; elle s'est répandue en Russie où elle a formé la tribu Romanoff, puis elle a débordé en Finlande et dans la Péninsule scandinave, en Pologne, en Galicie, en Moldavo-Valachie, en Transylvanie et elle continue à s'avancer du côté de l'occident.

Elle est de forte taille, avec des oreilles relativement petites et perpendiculaires à la tête, des cornes identiques par leur direction et leurs dimensions à celles du barbarin. La toison est souvent complètement noire, d'autres fois grise, moins souvent blanche ; dans ce dernier cas il y a des taches noires à la face. La laine est assez fine malgré sa pigmentation. La longueur de la queue est variable, elle oscille autour de 28 centimètres en moyenne.

J'ai dit antérieurement que, dans la Dobrowdja, cette race a été mariée à la mérinos pour former la spanca.

L'ensemble des races mérinos, ratzka et tsigaïa a donné pour la Hongrie seule, au dernier recensement, 10.951.831 têtes. Depuis la publication de ce recensement, la population ovine n'a cessé de diminuer, et d'après les renseignements recueillis au Ministère de l'Agriculture hongroise, mais non encore publiés, M. Tormay l'évalue à 8.000.000 en chiffres ronds.

En examinant les modalités de cette diminution, M. Tormay, qui a publié une fort belle carte de la répartition du mouton en Hongrie, a vu qu'elle porte tout particulièrement sur le mérinos qui, pourtant, n'est plus en Hongrie exclusivement un mouton à laine, puisqu'il appartient en majorité aux types Rambouillet et negretti et qu'il a été amélioré pour la boucherie.

Tout au contraire, la brebis laitière, surtout la tsigaïa, se maintient et même gagne un terrain que perd la chèvre. Dans une lettre que M. Tormay me faisait l'honneur de m'écrire il y a quelque temps, il me disait : « Je crois que la race ovine tsigaïa est appelée à se multiplier considérablement. Mon opinion est fondée sur ceci : une brebis de cette race donne par été 8 kilogrammes de fromage qui se vend 1 franc le kilogramme, un agneau vendu en moyenne 6 francs à la boucherie et de la laine pour environ 3 francs, soit un revenu annuel de 17 francs. » Qu'on compare ce revenu avec celui que nous fournissent nos moutons à laine ou à viande! Je me suis assuré que le mouton tsigaïa (ou la brebis quand on cesse de la traire) s'engraisse très bien dans un laps de temps qui ne dépasse pas celui qui est nécessaire à nos moutons.

Ces qualités expliquent l'extension ininterrompue de cette race. Dans les pays de l'Europe centrale et occidentale qui ne la possèdent pas, on exploite de la même façon l'autre race ovine laitière dont j'ai parlé. En Italie cette exploitation a pris, particulièrement dans la Lombardo-Vénétie, un développement que ne connaissent que trop nos propriétaires de brebis laitières puisqu'on y fabrique aujourd'hui des fromages qui font une forte concurrence aux roqueforts et similaires. Il se fait donc une évolution dans l'élève actuel du mouton et dans le choix des races; l'orientation a lieu du côté du lait et non de la laine qui, pour des motifs connus de tous et spécialement à cause de l'industrie des draps renaissance, a subi une dépréciation énorme.

Deux races ovines se rencontrent plus au sud; l'une occupe la Serbie, la Bulgarie, le nord de la Grèce et la Roumélie; on en désigne couramment les représentants du nom de moutons d'Andrinople, de Philippople; l'autre est la race à large queue.

La première comprend des individus de taille variable et intimement liée à la fertilité du sol, de type ramassé, à tête sans cornes ou, si elles existent, de développement peu considérable. Quand l'animal n'est pas entièrement roux ou noir, ce qui est fréquent, la face est tachetée de noir ainsi que les membres. La toison est à mèches longues et plutôt ondulées que frisées, les jambes fines et nues, la queue longue et sans appendice graisseux. La chair est excellente. Cherchant un terme de comparaison en étudiant ces moutons, je les ai assimilés aux auvergnats et je crois qu'on doit les réunir dans le même groupe.

Le mouton à grosse queue existe à peine en Europe, mais il en arrive d'Asie Mineure, du Kurdistan et de la Perse de grandes quantités pour l'alimentation de Stamboul où on l'appelle Caraman.

Ces moutons, de forte stature, sont particularisés ethniquement par leur queue, flanquée à droite et à gauche d'une énorme loupe graisseuse. Les oreilles sont pendantes, sans exagération de développement. Le plus souvent les cornes sont absentes; lorsqu'elles existent, elles ne sont pas très développées et elles rappellent par leur direction et leur forme celles du barbarin.

Ils n'ont pas de laine aux joues, sous le cou, au poitrail, sous le ventre et aux jambes. Il sont roux dans la proportion de 80 pour 100; les autres sont noirs, gris, pies et blanc-jaunâtre, ces derniers rares. Leur propension à accumuler la graisse est grande. J'ai pris à Stamboul la température rectale de deux de ces moutons, j'ai trouvé 39°,9 pour l'un et 39°,7 pour l'autre.

La reproduction paraît offrir quelque difficulté en raison du tablier caudal qui recouvre lourdement la vulve de la brebis; on m'a affirmé sur place que le mâle de cette race sait très bien soulever avec ses pattes antérieures cette queue, qui pèse fréquemment 8 kilogrammes, et accomplir prestement le coït.

L'élevage de la chèvre en Hongrie est peu important; on n'en trouve que 270.000 têtes dans tout le royaume et M. Tormay croit ce chiffre trop élevé. L'élevage de l'espèce bovine et l'extension de la brebis laitière lui font une sérieuse concurrence. Cette chèvre appartient à la race occidentale, avec une robe souvent blanche ou rousse.

Dans la partie orientale et méridionale de l'Europe, la race dite nubienne, maltaise ou d'Anatolie, vit à côté de l'occidentale; j'ai vu, en Roumanie pas mal de métis issus de l'union des deux races. On voit aussi, spécialement en Turquie, des chèvres d'Angora; elles sont habituellement blanches, à poils longs, tirebouchonnés et de stature inférieure à la race occidentale.

La race d'Anatolie ou nubienne a des oreilles assez larges et tombantes; beaucoup de sujets n'ont pas de cornes. Quand elles existent, elles sont petites et contournent l'oreille en arrière et en bas, au lieu de se diriger comme celles des cornes des chèvres d'Occident et d'être fortes comme elles. La femelle n'a pas de barbe au menton et le bouc n'en a que peu. La mamelle est moins pendante que dans la race européenne et plus arrondie, à tétines plus petites. Son poil est ras, roux, pie-roux, noir-pie, noir ou blanc.

Les métis occidento-nubiens ont, en général, peu de barbe comme les nubiens purs. Celle-ci ne doit se montrer que vers l'âge de six mois, car les bêtes de quatre mois que j'examinais n'en avaient pas.

XIII. — Aperçu général concernant l'influence du milieu sur la taille, la conformation, les phanères et la coloration des animaux domestiques.

Le biologiste qui voyage est d'abord vivement frappé par l'apparente diversité des êtres vivants et, dans notre cas particulier, par les formes et les colorations des animaux domestiques. Mais quand les excursions sont longues et variées, l'étonnement des premières observations disparait, des rapprochements s'établissent dans l'esprit, car on voit des particularités semblables se reproduire. Cette réapparition amène tout naturellement à se demander s'il n'y a pas un lien entre les manifestations qu'elle exprime et le milieu où on les rencontre et elle pousse à le rechercher.

La question n'est pas nouvelle; elle s'est posée dès le début des études d'histoire naturelle, et tout biologiste qui pense la trouve sur son chemin. Elle n'a jamais reçu de réponse intégrale, d'abord parce que le milieu est une chose complexe, qu'il en faudrait dissocier les constituants et les étudier séparément, ce qui est ardu et n'a pas été réalisé complètement; ensuite parce que les observations ont porté sur trop d'êtres vivants, particulièrement sur des animaux sauvages dont on connait incomplètement les moyens d existence.

En restreignant les observations aux seuls animaux domestiques, dont les conditions d'existence sont plus uniformes et dont rien ne nous échappe, les chances de se rapprocher de la vérité sont plus grandes.

Cette limitation présente, en ce qui concerne le déterminisme de la coloration en particulier, l'avantage de débarrasser le terrain du mimétisme dont la notion n'a pas éclairé le problème. Effectivement, dire que par la sélection naturelle les animaux porteurs d'une livrée analogue au milieu où ils vivent ont échappé à la vue de leurs ennemis et perpétué leur race ne résout nullement la difficulté, car la cause de l'apparition de cette livrée n'est ni recherchée ni dévoilée. Pour les animaux domestiques, l'avantage d'une telle livrée n'existe pas, puisque l'homme est là pour les protéger et les faire se reproduire. Si donc ils se présentent, en des endroits déterminés, avec des robes toujours les mêmes, la nuance de celle-ci peut être imputée aux agents cosmiques.

Pour déterminer les rapports entre le milieu et les formes, la conformation des phanères et la coloration des animaux domestiques, ayons recours à la méthode de la convergence d'observations et examinons : 1° Les variations d'une même race qui passe d'un milieu dans d'autres; 2° les ressemblances d'espèces et de races diverses vivant dans une même région.

Je ferai d'abord remarquer que les races humaines résistent mieux à l'influence du milieu que les races animales, qu'elles conservent et défendent victorieusement leurs particularités essentielles, sans doute parce qu'elles trouvent dans le logement, l'alimentation, le vêtement surtout, des moyens de préservation qui manquent aux animaux. On sait que les phanères particularisent en grande partie les races; ceux des hommes, n'ayant guère à s'adapter pour résister aux exigences du climat, puisque les vêtements remplissent ce rôle, restent ce qu'ils sont et par cela même la race aussi; la situation est toute différente pour ceux des animaux qui doivent être les défenseurs de l'organisme et s'adapter de telle sorte que celui ci ne périsse pas. Le Roumain et le Bulgare vivent côte à côte, en conservant le premier les traits de la race latine et le second ceux de la race slave, tandis que leurs animaux domestiques se ressemblent et que, si l'on introduit chez eux de grosses races chevalines, elles perdent rapidement leur caractéristique. La différence dans la résistance de l'homme et des animaux à un milieu donné est donc bien marquée.

1° *Variations d'une même race passant d'un milieu dans un autre.* — Prenons comme type de démonstration la race bovine grise des steppes que nous avons suivie de Budapest en Asie Mineure.

Sa taille est subordonnée à la fertilité du terrain et à sa constitution minéralogique. Elle est élevée dans la plaine hongroise et surtout dans la fertile Moldavie, tandis qu'elle est petite, rabougrie dans les ramifications des Balkans de Roumélie et sur les plateaux granitiques de la Turquie d'Asie.

Dans la plaine, elle est de type longiligne ou médioligne, dans la montagne elle tourne au trapu en se rapetissant.

Sa coloration est d'un gris très clair dans le steppe hongrois. Elle se fonce peu à peu en montant sur les plateaux de Transylvanie; elle devient gris-fauve et se charbonne aux extrémités à mesure qu'elle s'élève dans les Carpathes et les Balkans et c'est également sous cette nuance qu'on la voit en Anatolie. Lorsqu'on l'observe dans une région marécageuse, humide, le gris clair se fonce notablement. Enfin, et c'est peut être une des choses qui m'ont le plus frappé dans mes voyages, l'observation d'animaux de ce type vivant sur les bords de la mer Noire et de la mer de Marmara m'en a fait découvrir chez lesquels le pigment, au lieu d'être disséminé à la surface du corps pour constituer le gris, commençait à se localiser pour former des plaques cendrées, dont le pourtour était plus ou moins dépigmenté. J'en ai trouvé de franchement pie-noir.

Le cornage subit dans sa longueur des variations non négligeables. Au maximum de longueur dans la plaine et le steppe, il est au minimum dans la montagne; on en suit toutes les étapes intermédiaires sur les plateaux d'après l'altitude.

En même temps que la longueur de la corne subit des variations, la partie supérieure de la tête, dite région du chignon, se modifie, la protubérance occipito frontale se développe et proémine d'autant plus que les cornes se raccourcissent et elle se couvre d'un toupet de poils abondants, rudes, grossiers et quelque peu hérissés.

2° *Ressemblances d'espèces et de races diverses vivant dans un même milieu.* — Si l'on tire une ligne partant des rives de l'Atlantique, à la hauteur de Bordeaux et aboutissant à Costenza sur la mer Noire, toutes les races chevalines vivant au sud de cette ligne font partie de la catégorie des chevaux dits fins. Dans le cours de ce récit, j'ai montré qu'aucune tentative d'implantation de chevaux de gros trait n'a réussi dans cette région. Ce milieu affine invariablement le cheval.

Quant aux phanères, n'est-il pas curieux de voir dans la région danubienne les porcs recouverts de soies frisées, les oies d'un plumage frisé et les moutons d'une longue laine ondulée avec des cornes tire-bouchonnées. Si le lapin, qui existe à peine dans cette région, y eût été répandu, je ne doute nullement qu'il n'ait possédé le pelage long et un peu ondulé dit angora, puisqu'en Asie Mineure il est pourvu de semblables phanères, vivant à côté de la chèvre et du chat angoras. Qui peut se refuser à voir là un effet mésologique s'exerçant parallèlement sur des espèces différentes et aboutissant à des résultats identiques, surtout quand on les oppose aux effets des climats tropicaux?

La coloration met en relief des similitudes extrêmement suggestives.

Dans une région plane, découverte, de climat sec et tempéré ou froid comme la puszta, les chevaux sont gris ou alezans, les bœufs d'un gris très clair, les moutons blanc roussâtre, les lapins blancs avec extrémités pigmentées et les oies complètement blanches.

Lorsque, la topographie restant la même, la chaleur est plus forte par suite d'une latitude plus méridionale, la coloration se fonce dans le sens du fauve. On peut très bien s'en rendre compte dans la Macédoine et la province d'Andrinople. Mais c'est en Asie Mineure que j'ai perçu avec le plus de netteté le fait dont je parle. Je cheminais un jour dans la direction d'Ismith à travers des terrains rougeâtres et, comme par une sorte de gageure, toutes les bêtes domestiques que je rencontrais étaient dans les tons roussâtres : c'étaient de maigres chevaux alezans, de petits bœufs fauves, des moutons roux, des chèvres café au lait ou chocolat, des volailles couleur terreuse; il n'y avait pas jusqu'aux faisans qui n'eussent cette livrée sans éclat.

L'habitat en région montagneuse pigmente les races occupantes. Il ne s'agit que d'un habitat à des altitudes variant de 800 à 1500 mètres que ne dépassent pas les troupeaux. Plus haut, les effets sont différents, mais ils ne s'appliquent pas aux animaux domestiques qui n'y vont pas et n'ont pas à y aller, les pâturages n'existant plus. Qu'on considère les Alpes avec leurs très nombreuses divisions, les Carpathes, les Balkans et les monts d'Anatolie, c'est invariablement le brun, le fauve le marron, le rouge, le charbonné ou le pie qu'on y rencontre; le blanc et le blond à muqueuses roses ne s'y voient pas.

Le voisinage de la mer pousse au pie. Les chevaux des bords de l'Adriatique et de la mer Noire offrent les spécimens les plus nombreux de sujets pies, et, dans l'espèce bovine, c'est également le pie ou le marron qu'on y voit.

De ce qui précède, je crois qu'on doit tirer les conclusions qui suivent :

I. — La fertilité et la constitution minéralogique du sol ont une influence marquée sur la taille.

II. — La plaine et le steppe poussent à l'élongation, la montagne au type ramassé, trapu.

III. — Toute l'Europe méridionale et une partie de l'Europe centrale affinent l'espèce chevaline et sont impropres à la conservation des races de gros trait; elles affinent également le porc et le chien.

IV. — Il est des régions déterminées où les poils et les plumes subissent des modifications dans le sens de la frisure, comme le porc mangalicza et l'oie danubienne en donnent des exemples parallèles.

V. — Dans les contrées planes et découvertes, sous un climat tempéré ou froid, à atmosphère claire et sèche, la pigmentation est faible.

VI. — Dans les mêmes conditions de topographie et d'atmosphère, mais avec plus de chaleur moyenne, la pigmentation est plus prononcée et se fixe au roux.

VII. — Dans les massifs montagneux, la pigmentation est plus accentuée que dans les plaines et les vallées.

VIII. — Le littoral et le régime brumeux qu'il comporte poussent à la pigmentation en plaques.

TABLE

Imp. Pitrat Ainé, A. Rey Successeur, 4, rue Gentil. — 11121

www.ingramcontent.com/pod-product-compliance
Ingram Content Group UK Ltd.
Pitfield, Milton Keynes, MK11 3LW, UK
UKHW021111200726
13857UKWH00003B/1178

9 782011 945808